CMP BOOKS

机工IT

U0182709

速学

Python

程序设计从入门到进阶

小楼一夜听春语　编著

机械工业出版社
CHINA MACHINE PRESS

本书面向没有任何编程基础的初学者。全书共 9 章，第 1、2 章以尽可能少的篇幅，完成了对编程环境的搭建、编程的基本概念、Python 语法、数据结构、面向对象编程技巧的讲述，这一部分内容虽然简单，但它对初学者非常重要，只有完成这一部分内容的学习，才能够继续深入。第 3～6 章是对第 1、2 章内容的深入与补充，主要是搭建更好的开发环境，更详细地讲述数据结构与函数，并通过编写一个计算器程序，深入了解解释器的基本工作原理以及面向对象编程。第 7～9 章讲述了如何创建程序的可视化界面，将 Python 程序打包为可执行程序并使用主流数据库进行数据存储，继而实现数据分析与数据图表的生成。第 9 章是 Python 语言最大优势的体现，通过引入第三方库或调用网络接口，可以快速完成应用程序的编写。

本书适合刚接触 Python 的初学者以及希望使用 Python 处理和分析数据的读者，也可作为编程爱好者学习和使用 Python 的工具书或参考资料。

本书配有全套案例源代码、素材文件，通过扫描封底二维码关注微信订阅号——IT 有得聊，回复 72213 即可获取。

图书在版编目（CIP）数据

速学 Python：程序设计从入门到进阶/小楼一夜听春语编著. —北京：机械工业出版社，2023.2（2023.7 重印）

ISBN 978-7-111-72213-7

Ⅰ. ①速… Ⅱ. ①小… Ⅲ. ①软件工具-程序设计 Ⅳ. ①TP311.561

中国版本图书馆 CIP 数据核字（2022）第 235545 号

机械工业出版社（北京市百万庄大街22 号 邮政编码100037）

策划编辑：解 芳 王 斌 责任编辑：解 芳 王 斌
责任校对：贾海霞 张 征 责任印制：单爱军

北京虎彩文化传播有限公司印刷

2023 年 7 月第 1 版·第 2 次印刷
184mm×240mm・17.5 印张・432 千字
标准书号：ISBN 978-7-111-72213-7
定价：89.00 元

电话服务   网络服务

客服电话：010-88361066   机 工 官 网：www.cmpbook.com

           010-88379833   机 工 官 博：weibo.com/cmp1952

           010-68326294   金 书 网：www.golden-book.com

封底无防伪标均为盗版   机工教育服务网：www.cmpedu.com

前 言

PREFACE

Python 近几年越来越流行，在 2021 年已经成为排名世界第一的编程语言。Python 如此受欢迎，得益于它的简单、优雅与高效。简单是因为它是一门高级编程语言，更适合人类阅读；优雅是因为 Python 代码强制缩进的特点，让每个人写出的代码都有清晰的结构；高效是因为 Python 有丰富的模块可以进行调用，往往通过几行代码就能够实现特定功能。

在很多没有接触过编程的初学者看来，编程语言复杂枯燥。在自学过程中，很多编程的概念和代码的逻辑会让人感觉头疼、难懂。在很多编程入门的学习资料中，很少详细介绍基础概念，对没有任何编程基础的初学者来说比较困难。

所以，学习编程语言，首先要做的就是理解编程的基本概念，掌握编程语言的语法，提升逻辑分析能力，养成良好的编程习惯。

这些都需要初学者由浅入深、循序渐进地完成，切不可操之过急！

在编写这本书之前，我在自己的个人网站上发布过一系列的 Python 教程，受到很多读者的欢迎。有些读者将这些教程打印出来装订成册进行学习，这也让我有了编写一本 Python 图书的信心。

我一直思考如何让完全没有任何编程基础的读者能够轻松有效地完成学习目标，所以在图书的案例取材上尽量贴近读者认知。并且尽量讲清楚为何写某一段代码，而不是如何写某一段代码。

更重要的是，Python 3 支持母语编程，这让我能够尽可能地将案例代码中文化，让读者能够更加方便地读懂代码逻辑，尽快实现学习目标。

全书共 9 章，第 1、2 章以尽可能少的篇幅，完成了对编程环境的搭建、编程的基本概念、Python 语法、数据结构、面向对象编程技巧的讲述，这一部分内容虽然非常简单，但它对初学者非常重要，只有完成这一部分内容的学习，才能够继续深入。第 3~6 章是对第 1、2 章内容的深入与补充，主要是搭建更好的开发环境，更详细地讲述数据结构与函数，并通过编写一个计算器程序，深入了解解释器的基本工作原理以及面向对象编程。第 7~9 章讲述了如何创建程序的可视化界面，将 Python 程序打包为可执行程序并使用主流数据库进行数据存储，继而实现数据分析与数据图表的生成。第 9 章是 Python 语言最大优势的体现，通过引入第三方库或调用网络接口，可以快速完成应用程序的编写。

　　最后，本书能够面世，离不开机械工业出版社编辑团队的大力支持。让我能够历时三年，完成了本书的编写。

　　感谢出版社优秀的编辑们，是你们让本书变得更加精彩！

　　感谢每一位亲爱的读者，是你们给了我前进的动力！

小楼一夜听春语

目 录

CONTENTS

第 1 章
准备 Python 编程环境

本章主要对 Python 进行一些简单的了解，完成 Python 的下载和安装，并熟悉开发学习环境。

1.1 快速了解 Python

Python 是一门功能强大的编程语言，受到越来越多的关注。

2021 年 10 月，在 TIOBE 发布的编程语言排行榜中，Python 首次超过 C 语言，以 11.27% 的评级排名第 1 位，成为新的编程语言霸主。

Python 是一门高级通用编程语言，可以完成各种类型的任务，包括构建 Web 应用、桌面程序、数据分析、网络爬虫以及机器学习等。关于 Python 的一些关键词如下。

1）Python 之父：吉多·范罗苏姆（Guido van Rossum）。

2）跨平台语言：一个操作系统下编写的应用程序，放到另一个操作系统下依然可以运行。

3）规范的代码：通过缩进界定语句，每个人都会写出规范的代码，易于阅读。因为不规范的代码无法运行。

4）母语编程：Python 支持多种语言编程，除了 Python 内置的名称之外，都可以使用中文。

好了！关于编程之外的内容，我们只需要先了解这么多。

1.2 极速下载安装 Python

使用 Python 语言编程，需要下载和安装 Python。

1.2.1 下载 Python

打开 Python 的下载页面。下载地址为 https://www.python.org/downloads/windows/。在页面中

找到如图 1-1 所示的链接，打开链接进行下载。

图 1-1　安装程序下载

提示

本书使用的版本是 Python 3.9.9，读者可以下载不同的 Python 版本，但不要低于 3.8。

1.2.2　安装 Python

下载完成后，双击安装程序。

在如图 1-2 所示的安装开始界面中，切记勾选 "Add Python 3.9 to PATH" 的选项，然后单击 "Install Now" 进行安装。如果不勾选 "Add Python 3.9 to PATH"，则无法在 CMD（命令行）界面中执行 Python 的相关命令。

图 1-2　安装开始界面

直到出现如图 1-3 所示的安装完成界面，单击 "Close" 按钮关闭即可。

图 1-3　安装完成界面

1.3　极速熟悉环境

Python 支持使用命令行模式或文本模式编写代码。

1.3.1　了解 Python 命令行模式

通过按快捷键〈Win+R〉调出如图 1-4 所示的"运行"对话框，输入"python"，即可进入 Python 的命令行模式。

图 1-4　"运行"对话框

也可以在"运行"对话框中输入"CMD"，然后在如图 1-5 所示的命令行模式窗口中输入"python"进入 Python 命令行模式。

图 1-5　命令行模式窗口

能够正常进入 Python 命令行模式，说明 Python 已经正确完成安装。

1.3.2　使用开发学习环境 IDLE

Python 命令行模式并不利于编写代码。所以，我们需要一个更加易用的学习环境，这就是 Python 的交互式开发与学习环境（IDLE）。IDLE 在 Windows 的开始菜单中能够找到，如图 1-6 所示。

打开的 IDLE 命令行模式如图 1-7 所示。

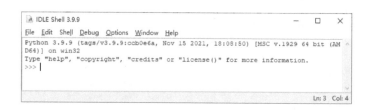

图 1-6　Windows 开始菜单中的 IDLE　　　　　　图 1-7　IDLE 命令行模式

在这个界面的文件（File）菜单中，我们可以新建文件（New File），如图 1-8 所示。

这时就会弹出一个名为无标题（untitled）的文件编辑窗口，如图 1-9 所示。

在这个窗口里面编写代码后，就可以进行保存或运行。

选择文件（File）菜单中的保存（Save）选项或者按快捷键〈Ctrl+S〉能够保存代码，保存的文件称为模块（Module），扩展名为 ".py"。选择运行（Run）菜单中的运行模块（Run Module）选项或者按快捷键〈F5〉就能够运行代码，运行结果会显示在之前的命令行窗口中。

如你所看到的，IDLE 其实是一个非常简陋的开发环境，不过，它能满足目前我们的学习需求。

之后，我们还会使用一个非常优秀的开发环境 PyCharm，它提供了很多便捷、强大的功能。

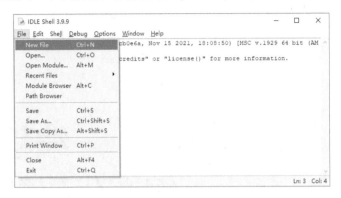

图 1-8　新建文件

图 1-9　文件编辑窗口

1.4　获取 Python 官方文档

除了准备编写代码的环境，我们还应该准备一项必需的参考资料。那就是 Python 的官方文档。Python 的安装目录中包含了英文使用文档，在开始菜单中就能够找到它，如图 1-10 所示。

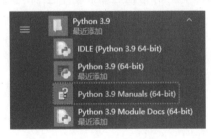

图 1-10　Python 英文使用文档

读者也可以参考中文使用文档，文档地址为 https://docs.python.org/zh-cn/3.9/。

第 2 章
编程初体验
——编写代码解决问题

这一章，我们一起了解一些编程的基本概念，学习 Python 的基本语法，并掌握基本的编程技巧。

2.1 程序是怎么运行的

先不着急敲代码。如果不知道程序怎么运行就去编程，当然是可以的。但一个制造灯泡的工人，如果不知道灯泡为什么会亮，未免不够专业。所以，花上一点点时间，来了解程序是如何在计算机中运行，这对了解一些编程的基本概念会很有帮助。

计算机由主板、CPU、内存、硬盘、显卡、声卡、网卡等一系列硬件组成。对于一个程序如何在计算机中运行，这里通过 CPU、内存和硬盘这三个硬件进行简要说明，程序的运行过程如图 2-1 所示。

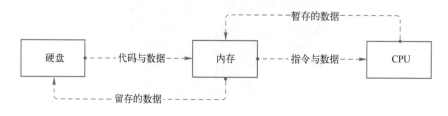

图 2-1　程序的运行过程

当我们开始运行一个程序时，操作系统会为这个程序在内存中划分一块空间，并将这个程序的代码和数据从硬盘中读取出来加载到内存空间中。

但是，内存空间中加载的并不是我们所编写的原始代码，一般是通过编译后的机器码或中间码。

内存空间中的代码会最终变为指令被发送到 CPU，CPU 根据指令进行运算工作，运算时需要用到的数据也需要从内存中读取，最终获得运算结果。

经过 CPU 处理的结果数据也会被暂存到内存中，这些数据会根据需要保存到硬盘或被再次使用。

当程序运行结束时，这个程序的内存空间以及空间中的代码与数据将被销毁，从而释放内存空间。

这里只是对程序的运行过程进行了简单地叙述，主要是想说明内存在程序运行时所起到的重要作用。

关于内存这个话题，我们先到此为止，在之后的相关内容中再继续探讨。

2.2　编写程序的基础知识

这一节，我们开始使用 Python 的 IDLE 来编写程序代码，学习一些编程的基础知识。

2.2.1　从加减乘除开始——运算符

IDLE 是 Integrated Development and Learning Environment（交互式开发与学习环境）的缩写。何为交互？通俗来讲，就是能够提交代码，并实时得到反馈。

我们来试试看！

在命令行模式下，输入"1 + 1"。

```
>>> 1 + 1
2
```

马上我们就看到了"2"这个结果。

再试试，输入"1 – 1"。

```
>>> 1 – 1
0
```

结果"0"也马上出现了！

加减法既然可以，那乘除法肯定也可以。但是要注意乘法的运算符号是"*"，除法的运算符号是"/"。

```
>>> 2 * 3
6
```

```
>>> 2 / 3
0.6666666666666666
```

接下来思考一下，2^3 怎么输入？是"2 * 2 * 2"吗？如果是"2 * 2 * 2"的话，2^{88} 该怎么输入？Python 中解决这个问题很简单，使用乘方运算符"**"。

```
>>> 2 ** 88
309485009821345068724781056
```

既然有"**"，那有没有"//"？
当然有！

```
>>> 36 // 8
4
>>> 25 // 4
6
```

这是整除的结果。所以，"//"叫作整除运算符。

得到的结果叫作商，"25"除以"4"商"6"余"1"，那余数"1"怎么得到？答案如下。

```
>>> 25 % 6
1
```

"%"不是百分比的计算，而是取余运算符，也叫作模运算符。

> **提示**
>
> 　　细心的读者可能发现，在上面的例子中，运算符两侧都有一个空格。这并不会影响输出正确的结果，这也是 Python 编程的一种更加美观的编写规范。另外，输入"1+++++1"，也能够出现计算结果，当然，这只是趣味性的尝试，实际编程中并不会这么做。

2.2.2　程序中的文字——字符串

　　上一小节，我们尝试在命令行模式下进行了一些数学计算。接下来，改为输入语句。比如，输入"Python，你好！"。

```
>>> Python，你好！
SyntaxError: invalid character ',' (U+FF0C)
```

我们遇到了第一个错误提示。什么意思？

Syntax: 语法

Error: 错误

Invalid：无效

Character：字符

每个单词的中文含义连起来就是——语法错误：无效的字符"，"。

这个提示表明中文逗号是无效字符。

那我们把中文符号换成英文符号试一下，包括逗号和感叹号。

```
>>> Python,你好!
SyntaxError: invalid syntax
```

语法错误：无效的语法。

为了排除符号的问题，我们只输入文字"Python 你好"。

```
>>> Python 你好
Traceback (most recent call last):
  File "<pyshell#28>", line 1, in <module>
    Python 你好
NameError: name "Python 你好" is not defined
```

好像更加严重了……我们把错误提示翻译为中文看一下。

```
Traceback (most recent call last):        # 回溯
  File "<pyshell#28>", line 1, in <module>        # 文件"<pyshell#28>"，模块中的第 1 行
    Python 你好
NameError: name "Python 你好" is not defined        # 名称错误：名称 "Python 你好" 未定义
```

Name：名称

Is：是

Not：非

Define：定义

Module：模块

> **提示**
>
> 使用"#"可以为代码添加注释说明，代码中"#"后为注释内容。

新的错误提示是 NameError（名称错误），程序认为我们输入的是一个名称，而这个名称还没有定义。关于名称没有定义这个问题，我们先放在一边，后面再去寻找答案。这里我们先要解决的问题是到底如何输入内容才能正常显示。

在 Python 编程中，如果想输入一段文字，需要为这段文字的两端加上引号。引号可以是单引

号 " ' " ，也可以是双引号 " " " ，还可以是三引号 " ' ' ' ' " 或 " " " " " " 。

```
>>> 'Python，你好！'
'Python，你好！'
>>> "Python，你好！"
'Python，你好！'
>>>''' Python，你好！'''
'Python，你好！'
>>> """Python，你好！"""
'Python，你好！'
```

需要注意，无论使用哪种引号都必须是英文符号，并且两侧保持一致。否则，将会出现程序错误。例如，两侧输入的引号不一致，则会提示"语法错误：扫描字符串行尾时发生错误"。

```
>>> 'Python，你好！"
SyntaxError: EOL while scanning string literal
```

EOL（*End of Line*）：行尾

While：当……的时候

Scanning：扫描

String：字符串

literal：逐字

在 Python 编程语言中，称一对引号所包含的内容为字符串（String），当一对引号之间没有任何字符以及空格时，称之为空字符串。在编程时，字符串会被经常使用到。一般来说，单引号或双引号用于程序中的一行字符，三引号用于程序注释或是多行的文字段落。

2.2.3　总结计算的方法——变量与函数

前面两小节我们掌握了一些数字与文字的知识。接下来，我们根据这些知识计算一些简单的数学题。

1. 已知矩形的长度为 6，宽度为 3，求矩形的面积

矩形就是通常所说的长方形，它的面积公式是"矩形面积 ＝ 长度×宽度"，所以，我们可以直接根据公式输入"6 * 3"进行计算。

```
>>> 6 * 3
18
```

这么算完全没有问题，但是对不了解题目的人来说，可能完全不知道我们在做什么。

我们换一种形式。

```
>>> 长度 = 6
>>> 宽度 = 3
>>> 面积 = 长度 * 宽度
>>> 面积
18
```

这段代码应该不难理解。我们定义了长度和宽度数值，并且定义了面积公式。当完成这些定义之后，我们输入"面积"，程序就根据前面的内容，帮我们计算出了结果。读者是否还记得在上一节，我们不带引号输入文字时的错误？这里输入"面积"时，没有出现错误，是因为在程序的前一句，我们对面积做了定义，即"面积 = 长度 * 宽度"。也就是预先声明了"面积"这个名称代表了什么值。而在定义"面积"这个名称时，语句中的"长度"和"宽度"也分别在之前两个语句中做了定义，并指定了它们的值。

看到这里，应该能够明白两件事：

1）程序的执行是由上至下的一个过程。

2）定义一个名称的格式可以是"名称 = 值"，或者是"名称 = 计算公式"（实际上是计算公式的结果值）。

在我们所编写的语句中，等号"="叫作赋值运算符，作用就是将右侧的值关联到左侧的名称，这样的语句叫作赋值语句。

理解了以上的内容，我们继续计算一个矩形面积，这个矩形的长度是 5，宽度是 4。

继续尝试刚才的内容，输入新的长度和宽度。

```
>>> 长度 = 5
>>> 宽度 = 4
>>> 面积
18
```

虽然没有出现程序错误，但是计算结果不正确，还是上一次的计算结果。这就是为什么说"名称 = 计算公式"时，实际上赋予名称的是计算公式的结果值。也就是说，之前的语句"面积 = 长度 * 宽度"，等同于"面积 = 18"。所以，在计算新的矩形面积时，仍然需要我们再次输入公式。继续之前的输入内容，输入新的语句。

```
>>> 面积 = 长度 * 宽度
>>> 面积
20
```

这次的结果就没有错误了。

看到这里，应该能够再明白两件事：

1）赋值语句会先对等号右侧的内容进行运算，再将运算结果关联到左侧的名称。

2）可以通过赋值语句改变已定义名称所关联的值，如长度与宽度。

长度和宽度这样的名称可以在程序中改变关联的值，所以，这样的名称叫作变量。

关于变量的定义就是这么简单，它就是一个名称，关联着赋予它的值。但是，此时我们也会发现一个问题。每次计算一个矩形面积都要输入一次公式，有一点麻烦。

矩形面积公式实际上就是通用的计算方法，这个计算方法在计算任何矩形面积时都可以使用。所以，这个计算方法只定义一次就能重复使用才是最科学的。那么，我们就通过 Python 的语法重新定义这个公式，让它能够重复使用。

"def" 是 Python 语言中的一个关键字，它是定义（define）的英文简写。通过这个关键字，我们可以定义一个计算方法，并让这个方法在进行矩形面积的计算后给出计算结果。具体的语句如下。

```
>>> def 矩形面积计算(长度, 宽度):
        面积 = 长度 * 宽度
        return 面积
>>>
```

提示

> 输入最后一条语句后按两次〈Enter〉键，即可回到命令提示符下。

这里一共有三条语句。

第一条语句是定义这个计算方法的名称，名称后方通过一对小括号 "()" 定义需要提供的两个数值，即长度和宽度的变量，变量之间以逗号 "," 分隔，最后以冒号 ":" 结尾，表示定义语句结束。

第二条语句是计算方法包含的语句，需要向右缩进四个空格或者按〈Tab〉键进行缩进，注意不要混用。语句内容是我们前面写过的矩形面积计算公式。

第三条语句是返回语句，同样是计算方法包含的语句，需要向右缩进。语句以 "return" 开始，与返回值（计算结果）用空格隔开。

提示

> "return" 语句并非必需，无须返回值时可以省略。但是，即便省略 "return" 语句，仍可得到一个返回值 "None"。

Return: 返回

None: 无

在完成计算方法的定义后，就可以在以后进行调用。调用的方法就是输入计算方法的名称，并在一对小括号中输入参与计算的两个数值（长度与宽度）。

```
>>> 矩形面积计算(6, 3)
18
>>> 矩形面积计算(5, 4)
20
```

看到这里，我们可以明白四件事：

1）对于可以重复使用的代码，我们可以归纳为一个计算方法，这样的计算方法叫作函数。

2）函数用关键字"def"定义。

3）参与计算的数值写在函数名称后方的括号中，并用逗号分隔，它们叫作参数。

4）通过关键字"return"返回需要返回的值。

以上就是函数的概念以及基本语法的组成。

```
def 函数名称(参数 1, 参数 2, ...):
        子语句块，即实现函数功能的多行代码
```

2. 已知圆形的半径为 6，求圆形的面积

相信所有读者都能完成这道题目的函数代码，所以，需要在完成代码后再继续阅读验证。

不出意外的话，读者们写的函数代码应该与以下代码相似。

```
>>> def 圆形面积计算(半径):
        面积 = 3.14 * 半径 ** 2   # 圆形面积 = πr²
        return 面积


>>> 圆形面积计算(6)
113.03999999999999
```

现在，来看看我是怎么写的。

```
>>> def 圆形面积计算(半径):
        _圆周率 = 3.14
        面积 = _圆周率 * 半径 ** 2
        return 面积


>>> 圆形面积计算(6)
113.03999999999999
```

我写的函数代码并不高明，唯一的区别就是对圆周率做了单独的定义。这么做是为了让程序看起来更清晰，同时，还要说明一个问题，就是常量的定义。

在编程中，我们往往也会定义一些常量。与变量相反，不需要在程序中发生改变的数值才会定义为常量。一般常量会使用全部大写的英文命名，如圆周率一般命名为"PI"。但是，在这里我们并没有使用英文命名。为了区别于变量，在名称前面添加了一个下画线"_"，表示这是一个常量，不要在其他语句中改变它的数值。

在名称前面添加下画线，在 Python 编程中很常见，一般表示私有的、隐藏的、不对外开放的代码。但这只是一种约定俗成的写法而已，并不能保证不被看到或改变。所以，它只是给其他使用这段代码的人一个明显的提醒：不要乱动！

练习建议：计算圆的周长、直径或者能想到的其他计算公式，把它们编写为函数。

2.2.4 使用已有的方法——内置关键字与函数

我们会遇到同样的困扰，就是在命令行模式下编写的代码无法直接保存。所以，应该把代码写在文件模式中。

IDLE 可以创建文件，这个操作在 1.3.2 节中已经提到。我们将代码写在文件模式中，就可以进行保存。但一个新问题随之而来，就是运行程序时，不会直接显示调用函数的结果。

例如，在文件模式中我们编写了"圆形面积计算"函数，并调用了个函数进行计算。

```
# -*- coding:utf-8 -*-
def 圆形面积计算(半径):
    _圆周率 = 3.14
    面积 = _圆周率 * 半径 ** 2
    return 面积

圆形面积计算(6)
```

> **提 示**
>
> 代码的第一行内容"# -*- coding:utf-8 -*-"可以简写为"# coding:utf-8"，这个语句是为了避免极少数情况下使用中文编程而导致的编码异常，在之后的示例代码中不再添加这条语句。另外，这个语句必须写在文件的首行才会有效。

当我们按〈F5〉快捷键时，这段代码会在命令行模式中运行。但是，什么都没有出现！这并不是出现了什么问题。

在文件模式中编写的代码，如果想将某些内容显示在命令行模式下，需要使用"print"（打印）函数才可以。

"print"函数是 Python 的内置函数，我们可以直接输入函数名称，然后将需要打印的内容作为参数填入即可。所以，只需要对之前代码的最后一句做一点点改动。

> **提 示**
>
> 以下的各种写法都是只替换上面最后一条语句。

```
print(圆形面积计算(6))        # 注意函数名称全部为小写字母
```

当然，也可以写成两句。

```
计算结果 = 圆形面积计算(6)
print(计算结果)
```

还可以写得更丰富一些。

```
半径 = 6
计算结果 = 圆形面积计算(半径)
print("半径为", 半径, "的圆形面积为", 计算结果)
```

运行程序之后，显示结果如下。

```
半径为 6 的圆形面积为 113.03999999999999
```

从上面的执行结果可以看出，我们在"print"函数中输入的四部分内容被拼接到一起打印了出来。也就是说，"print"函数可以提供多个参数进行拼接打印。

但是，对于显示的结果，可能还不太满意。我们希望打印结果是下面的样子。

```
半径为 6 的圆形面积为 113.04
```

思考一下，计算结果应该能够四舍五入，并只保留两位小数。还好，Python 提供了拥有此功能的函数。

如果有过使用 Excel 函数的经历，不难猜到这个函数叫"round"。

"round"函数需要提供两个参数，前面的是对谁进行处理，后面的是保留小数的位数。

所以，我们的代码语句如下。

```
半径 = 6
计算结果 = round(圆形面积计算(半径), 2)          # 改动在这一句
print("半径为", 半径, "的圆形面积为", 计算结果)
```

现在的打印结果简洁多了。

```
半径为 6 的圆形面积为 113.04
```

不过，我觉得与其对计算结果进行处理，不如直接在函数中对"圆形面积计算"进行处理。为了更灵活地控制计算结果的精度（也就是保留的小数位数），我们增加一个"精度"参数。具体代码如下。

```
def  圆形面积计算(半径, 精度):                    # 增加精度参数
    _圆周率 = 3.14
    面积 = round(_圆周率 * 半径 ** 2, 精度)        # 进行小数处理
    return  面积


半径 = 6
精度 = 2
计算结果 = 圆形面积计算(半径, 精度)
print("半径为", 半径, "的圆形面积为", 计算结果)
```

写了这么多代码，有没有感觉到中文编程的不便之处？因为输入符号（括号和逗号）需要切换到英文状态。不必苦恼，一般输入法都有一个"中文时使用英文标点"的设置选项，把它打开就好了。以搜狗拼音输入法为例，如图 2-2 所示。

图 2-2　搜狗输入法的标点设置

2.2.5　参与程序运算的数值——参数

上一小节的打印结果虽然简洁了许多，但是句子里面有多个空格，还是让人不太舒服。没关系，我们可以给"print"函数再传入一个参数"sep"。

```
print("半径为", 半径, "的圆形面积为", 计算结果, sep="")
```

现在的打印结果就没有空格了。

```
半径为 6 的圆形面积为 113.04
```

"sep"是"Separate"的缩写，也就是分隔的意思。当我们没有输入这个参数时，这个参数默认值是空格，也就是"sep=" ""，所以打印结果包含了空格。当我们输入参数"sep="""时，就会以空字符串分隔，而不是再以空格分隔。

这里的"sep"参数叫作关键字参数，从以上的描述可以看出，这类参数可以设置默认值。如果调用函数时不输入这个参数，它会使用默认值进行处理，而一旦输入参数，就以参数进行处理。

在我们编写的函数中也可以进行关键字参数的定义，仍以"圆形面积计算"函数为例。

有时候，我们可能需要更高精度的计算结果，也就是保留更多位的小数部分，这时就需要调大精度数值，但更多时候计算结果只需要保留两位小数。针对这样的需求，我们可以为"精度"参数设置默认值为"2"。

```
def 圆形面积计算(半径, 精度 = 2):  # 为 "精度" 参数添加默认值
    _圆周率 = 3.14
    面积 = round(_圆周率 * 半径 ** 2, 精度)
    return 面积
```

测试一下修改后的函数。

```
半径 = 6.6

计算结果 = 圆形面积计算(半径)  # 使用默认精度
print("半径为", 半径, "的圆形面积为", 计算结果, sep="")
```

测试的结果如下。

```
半径为 6.6 的圆形面积为 136.78
```

我们再测试一下其他精度。

```
计算结果 = 圆形面积计算(半径, 精度=3)  # 使用其他精度
print("半径为", 半径, "的圆形面积为", 计算结果, sep="")
```

以下是测试的结果。

```
半径为 6.6 的圆形面积为 136.778
```

到这里，我们总结一下刚刚学习的两种参数类型。

在函数的定义语句"def 圆形面积计算(半径, 精度 = 2):"中，包含了半径和精度两个参数。其中，"半径"叫作位置参数，这类参数在调用函数时，必须按定义时的顺序传入参数，并且不可省略。"精度"叫作关键字参数，因为在定义时设置了默认值，所以在函数调用时，这类参数可以省略。

需要注意的一点是，在定义参数时，关键字参数必须在位置参数之后出现。

以下是错误的示例，程序运行时会发生语法错误。

```
def 圆形面积计算(精度 = 2, 半径):
```

另外，关键字函数也可以按照定义的顺序传入，按照顺序传入时可以只输入值。

```
计算结果 = 圆形面积计算(半径, 3)   # 使用其他精度
print("半径为", 半径, "的圆形面积为", 计算结果, sep="")
```

但同样需要注意，如果有关键字参数传入，就一定要在所有位置参数传入完毕之后再进行传入。

再举一个例子。一般圆周率都是使用两位小数"3.14"，所以"3.14"可以作为圆周率的默认值，如果需要计算得更精确，可以输入更多位小数的圆周率数值。

```
def 圆形面积计算(半径, 圆周率 = 3.14, 精度 = 2):   # 添加圆周率参数并设置默认值
    面积 = round(圆周率 * 半径 ** 2, 精度)
    return 面积
```

测试一下修改后的函数。

```
半径 = 6.6
计算结果 = 圆形面积计算(半径, 3.14159, 5)
print("半径为", 半径, "的圆形面积为", 计算结果, sep="")
```

测试的结果如下。

```
半径为 6.6 的圆形面积为 136.84766
```

"圆形面积计算"函数的调用语句也可以写成以下格式。

```
计算结果 = 圆形面积计算(半径, 圆周率 = 3.14159, 精度 = 5)
```

关键字参数的位置可以互换。

```
计算结果 = 圆形面积计算(半径, 精度 = 5, 圆周率 = 3.14159)
```

还可以写成另外一种形式。

```
计算结果 = 圆形面积计算(半径, 3.14159, 精度 = 5)
```

注意，不要写成下面这种形式。

```
计算结果 = 圆形面积计算(半径, 圆周率 = 3.14159, 5)
```

通过上面的例子能够看出，灵活的参数类型可以让我们的编程过程变得更加轻松而优雅。

2.2.6　用错误解决错误——异常捕捉

我们编写的函数在被调用时，它的参数不一定是从程序内部获取的，很多时候是来自外部用户的输入。例如，"圆形面积计算"函数，它的半径应该可以由用户输入，然后进行运算，返回结果。

获取用户的输入可以使用 Python 内置的"input"函数，它的参数可以是给用户的提示。

```
def 圆形面积计算(半径, 圆周率 = 3.14, 精度 = 2):
    面积 = round(圆周率 * 半径 ** 2, 精度)
    return 面积


半径 = input("请输入半径数值: ")  # 获取用户的输入
计算结果 = 圆形面积计算(半径)
print("半径为", 半径, "的圆形面积为", 计算结果, sep="")
```

运行程序，并输入数值，但是，出现了错误。

```
请输入半径数值: 6
Traceback (most recent call last):
  File "E:\Book\Python3.X示例.py", line 6, in <module>
    计算结果 = 圆形面积计算(半径)  # 从这条语句出现错误
  File "E:\Book\Python3.X示例.py", line 2, in 圆形面积计算
    面积 = round(圆周率 * 半径 ** 2, 精度)  # 错误的根本在于这条语句
TypeError: unsupported operand type(s) for ** or pow(): 'str' and 'int'
```

回溯内容中，首先出现问题的语句是"计算结果"的赋值语句，但这一句并不是实际产生错误的语句，而是因为这一条语句调用了"圆形面积计算"函数。所以，程序继续回溯到实际出现错误的语句，也就是"面积"的赋值语句。

那么，"面积"赋值语句发生了什么错误？注意回溯信息的最后一句。

```
TypeError: unsupported operand type(s) for ** or pow(): 'str' and 'int'
```

Type: 类型

Unsupported: 不支持的

Operand: 操作数

Str（String）: 字符串

Int（*Integer*）：整数

Pow（*Power*）：乘方

中文意思是"类型错误：不支持字符串与整数进行乘方运算"。

代码中乘方运算部分是"半径 ** 2"。其中，"2"是整数，也就是错误提示中的"int"。"str"指的是"半径"。可是，明明输入的是一个数字"6"，为什么提示说输入的是字符串？

我们做一个测试，在命令行模式下输入以下内容。

```
>>> 6  # 直接输入数字
6
>>> 输入内容 = input("输入数字：")          # 通过"input"函数获取输入
输入数字：6
>>> 输入内容
'6'
```

看到以上内容就应该能够理解"6"和"'6'"是两种不同的类型，"6"是整数类型，而"'6'"是字符串类型。

字符串类型不能够进行乘法运算，这个问题可以通过类型转换来解决。Python 的内置函数中有一个"int"函数，它能够将参数强制转换为整数类型。

为了便于阅读，在代码中新增了一条语句。

```
用户输入 = input("请输入半径数值：")
半径 = int(用户输入)  # 新增语句
计算结果 = 圆形面积计算(半径)
print("半径为", 半径, "的圆形面积为", 计算结果, sep="")
```

经过这样的处理，就能够正确地进行面积的计算了。

但是，如果用户输入了小数，就会报错。

```
请输入半径数值：6.6
Traceback (most recent call last):
  File "E:/Book/Python3.X/示例.py", line 6, in <module>
    半径 = int(用户输入)
ValueError: invalid literal for int() with base 10: '6.6'
```

Value：值

Invalid：无效

Base：基数

中文意思是"值错误：为函数提供了无效的十进制文字'6.6'"。

很明显，小数不是整数，所以不能通过 "int" 函数把小数形式的字符串转换为数字类型。如果想将小数形式的字符串转换为数字类型，需要使用 Python 内置的 "float" 函数。

Float：浮点数

再次测试。

```
用户输入 = input("请输入半径数值：")
半径 = float(用户输入)  # 替换原语句中的 "int" 函数
计算结果 = 圆形面积计算(半径)
print("半径为", 半径, "的圆形面积为", 计算结果, sep="")
```

此时，就能够正确地输出结果了。

```
请输入半径数值：6.6
半径为 6.6 的圆形面积为 136.78
```

输入整数测试一下。

```
请输入半径数值：6
半径为 6.0 的圆形面积为 113.04
```

依然没有问题。

通过测试能够看出，"float" 函数可以将整数或小数形式的字符串转换为浮点数类型，而 "int" 函数只能将整数形式的字符串转换为整数类型。所以，当程序只允许输入整数时，要使用 "int" 函数；否则，使用 "float" 函数比较合适。

但是，我们的程序还存在问题。如果用户输入 "六"，出现错误是显而易见的。

```
请输入半径数值：六
Traceback (most recent call last):
   File "E:\Book\Python3.X示例.py", line 6, in <module>
      半径 = float(用户输入)
ValueError: could not convert string to float: '六'
```

Convert：转换

值错误：不能转换字符串为浮点数。

解决的方案，读者们应该能够想到，就是对输入内容做类型的判断。具体如何编写代码？

既然直接使用 "float" 函数进行强制类型转换可能会出现错误，那么就在出现错误时，进行错误的处理，不让程序因为异常中断。

我们知道可能出现错误的语句是 "半径 = float(用户输入)"，所以要对这一句进行异常捕捉。异常捕捉需要使用 "try…except…" 语句。

Try：尝试

Except：排除

"try…except…"的作用是尝试执行某语句块，排除语句块中的某种异常。这里我们需要排除的异常是值错误，也就是提示中的错误名称"ValueError"。完善后的函数代码如下。

```
用户输入 = input("请输入半径数值: ")
try:
    半径 = float(用户输入)
    计算结果 = 圆形面积计算(半径)
    print("半径为", 半径, "的圆形面积为", 计算结果, sep="")
except ValueError:
    print("错误: 您输入的不是数字! ")
```

在这段代码运行时，如果接收到正确的参数字符串，就会进行类型转换，并计算出结果，打印输出。而一旦接收到错误的参数，就会捕捉到值错误（ValueError）的异常，打印输出错误提示。

运行程序测试一下。

```
请输入半径数值: 六
错误: 您输入的不是数字!
```

2.2.7 符合条件再执行——条件判断语句

我对于目前编写的程序代码仍然不满意。运行程序，输入一个整数看一下。

```
请输入半径数值: 6
半径为 6.0 的圆形面积为 113.04
```

明明输入的是"6"，打印结果中却是"6.0"。这就是统一使用"float"函数进行类型转换所产生的问题。那怎么解决？看下面这段代码。

```
def 圆形面积计算(半径, 圆周率 = 3.14, 精度 = 2):
    面积 = round(圆周率 * 半径 ** 2, 精度)
    return 面积



用户输入 = input("请输入半径数值: ")
try:
    半径 = int(用户输入)   # 先尝试转换为整数
```

```
        计算结果 = 圆形面积计算(半径)
        print("半径为", 半径, "的圆形面积为", 计算结果, sep="")
except ValueError:  # 出现异常时
    try:
        半径 = float(用户输入)  # 再尝试转换为浮点数
        计算结果 = 圆形面积计算(半径)
         print("半径为", 半径, "的圆形面积为", 计算结果, sep="")
    except ValueError:  # 仍然出现异常时
        print("错误：您输入的不是数字！")
```

这段代码的实现思路是，先尝试转换为整数类型，出现异常的话，再尝试转换为浮点数类型，仍出现异常的话打印错误提示。

可是，这段代码中计算结果和打印结果的语句需要重复出现，看上去非常混乱。此时，可以把字符串转数字的语句单独提炼出一个方法，写成函数。代码如下（代码 A）。

```
def 字符串转数字(字符串):
    try:
        数字 = int(字符串)  # 尝试转换为整数
        return 数字  # 返回整数
    except ValueError:  # 发生异常时
        try:
            数字 = float(字符串)  # 尝试转换为浮点数
            return 数字  # 返回浮点数
        except ValueError:  # 再次发生异常时
            return None  # 返回 "None" 值
```

函数没有 "return" 语句时也会返回 "None" 值。所以，函数代码也可以这样写（代码 B）。

```
def 字符串转数字(字符串):
    try:
        数字 = int(字符串)
        return 数字  # 出现异常时跳过
    except ValueError:
        try:
            数字 = float(字符串)
            return 数字  # 出现异常时跳过
        except ValueError:
            pass
```

示例代码中，再次捕获到异常时，使用了 "pass" 语句。

Pass：通过

"pass" 语句的作用是代替语句块。例如，程序中的某个语句块还没有编写但又需要运行程序时，就可以使用 "pass" 语句替代没有编写的语句块进行占位。或者，如示例代码所示，当某种情形不需处理时，也可以使用 "pass" 语句来代替语句块。另外，"pass" 语句也可以用 "..." 代替，其作用是一样的。

当示例代码运行时，如果用户输入的不是数字，程序将会跳过两个 "return" 语句，执行 "pass" 语句后结束。这也就相当于示例函数没有执行 "return" 语句。当一个函数没有任何 "return" 语句时，也会有返回值，此时的返回值是 "None"。所以，代码 B 与代码 A 的执行结果是一样的。另外，"try...except..." 语句之后仍然能够继续编写语句。所以，函数的代码也可以是下面这种样子（代码 C）。

```
def 字符串转数字(字符串):
    try:
        数字 = int(字符串)    # 正常的赋值
    except ValueError:
        try:
            数字 = float(字符串)    # 正常的赋值
        except ValueError:
            数字 = None    # 异常的赋值
    return 数字    # 无论哪种赋值都进行返回
```

提示

示例代码中 "return" 语句与最外层的 "try" 语句对齐。

以上三种不同的代码示例，最终的效果是完全一样的。由此可见，编写程序一定要灵活，解决问题的方案可以是多种多样的，并不需要拘泥于某一种形式。

一般来说，"try" 语句的子语句块只应包含可能出现异常的语句，尽量将不会出现异常的语句排除在外，这样的话，当程序出现异常时才便于回溯分析。所以，最后一种示例（代码 C）更为清晰合理，适合采用。

但是，到这里还没有结束。我们只是完成了 "字符串转数字" 函数，能够获取到数字或 "None" 这两种不同类型的返回值。接下来，我们还需要对函数的返回值进行判断。如果是 "None" 给出错误提示，否则给出计算结果。我们来看下面的示例代码。

```
用户输入 = input("请输入半径数值: ")
半径 = 字符串转数字(用户输入)
if 半径 == None:    # 如果半径的值等于 None
    print("错误! 您输入的不是数字。")
if 半径 != None:    #如果半径的值不等于 None
```

```
计算结果 = 圆形面积计算(半径)
print("半径为", 半径, "的圆形面积为", 计算结果, sep="")
```

If：如果

"if"语句用于条件判断，由关键字"if"与条件组成。例如，示例代码中的"半径 == None"和"半径 != None"是条件表达式。这里我们接触到了新的运算符等于"=="和不等于"!="。它们是比较运算符，用于条件表达式中两个值的比较运算。其他的比较运算符还有大于">"、小于"<"、大于等于">="和小于等于"<="。另外，条件表达式中包含多个条件时，还会使用关键字"and"或"or"，表达"并且"或"或者"的逻辑关系。

实际上，对于示例代码来说，"半径"的值只有数字或"None"两种情形，这两种情形是对立的，同一时间只会出现一种。所以，示例代码中的第二个"if"语句可以用"else"语句代替。

```
用户输入 = input("请输入半径数值：")
半径 = 字符串转数字(用户输入)
if 半径 == None:  # 如果半径的值等于 None
    print("错误！您输入的不是数字。")
else: # 否则
    计算结果 = 圆形面积计算(半径)
    print("半径为", 半径, "的圆形面积为", 计算结果, sep="")
```

Else：否则

除了"if"语句和"else"语句，当有多重条件判断时，还可以使用"elif"语句，等同于"else if"语句。

```
if 条件:
    语句块
elif 条件:
    语句块
else:
    语句块
```

而有多级条件判断时，判断语句也可以进行嵌套。

```
if 条件:
    if 条件:
        语句块
    elif 条件:
        语句块
    else:
```

```
        语句块
elif 条件:
      语句块
else:
      语句块
```

2.2.8　不断重复的过程——while 循环语句

有没有感觉测试代码时候有些麻烦？整数、小数以及非数字内容的输入，需要分别启动一次程序。如果每次输入完毕得到结果之后，都能够自动进行下一次输入，是不是更符合我们的需求？

重复执行一段程序代码，需要使用循环语句。循环语句有两种，我们先来了解"while"语句。

```
while 条件:
      循环执行的语句块
```

while：当……时

"while"语句需要设定条件，当满足条件时，子语句块能够被循环执行，直到条件失效。

条件设置除了条件表达式，也可以是单独的一个变量或一个被执行的函数等。

因为不管是条件表达式运算出的真值"True"和假值"False"，还是变量中存储的值，或是函数执行后的返回值，它们都可视为真假值之一。简单来说，假值包括"False""None""0"、空值（如空字符串），其他的则为真值。当条件为真值时，循环将一直有效，直到被终止。当条件为假值时，循环将不会被执行或结束退出。根据我们目前的需求，可以让循环一直执行。那么，我们直接将"while"语句的条件设置为"True"，就能够达到无限循环的目的。

```
while True:  # 将条件直接设置为真值
    用户输入 = input("请输入半径数值: ")
    半径 = 字符串转数字(用户输入)
    if 半径 == None:  # 如果半径的值是 None
        print("错误！您输入的不是数字。")
    else:  # 否则
        计算结果 = 圆形面积计算(半径)
        print("半径为", 半径, "的圆形面积为", 计算结果, sep="")
```

提 示

试着把 "while True:" 写成 "while 1:",运行结果是一样的。

但是,现在的代码在运行时,无法主动退出循环。为了解决这个问题,我们可以通过判断用户输入 "退出" 指令,终止循环的执行。

```python
while True:
    用户输入 = input("请输入半径数值: ")
    if 用户输入 == "退出":  # 判断用户输入退出指令
        break  # 跳出语句
    半径 = 字符串转数字(用户输入)
    if 半径 == None:
        print("错误! 您输入的不是数字。")
    else:
        计算结果 = 圆形面积计算(半径)
        print("半径为", 半径, "的圆形面积为", 计算结果, sep="")
```

Break:终止

通过判断用户输入 "退出" 指令,使用 "break" 语句终止循环。

至此,这段程序的编写先告一段落,完整代码如下。

```python
def 圆形面积计算(半径, 圆周率 = 3.14, 精度 = 2):
    """
    用于计算圆形面积的函数。
    参数:
        半径 - 圆形半径(r),整数或小数。
        圆周率 - 圆周率(π),默认为 3.14。
        精度 - 计算结果保留的小数位数,默认保留 2 位。
    返回:
        面积 - 通过计算得出的圆形面积
    """
    面积 = round(圆周率 * 半径 ** 2, 精度)
    return 面积

def 字符串转数字(字符串):
    用于将用户输入内容转换为数字类型的函数。
    参数:
```

```
            字符串 – 任意字符串
        返回:
            参数输入数字形式的字符串时，返回数字类型的值，否则返回 None 值。
        异常:
            ValueError:非整数形式字符串引发该异常。首次出现异常时，将强制转换为浮点数类型。若非
浮点数形式字符串，将再次引发异常，设定返回值为 None 值，不向上级抛出异常。
        """
        try:
            数字 = int(字符串)
        except ValueError:
            try:
                数字 = float(字符串)
            except ValueError:
                数字 = None
        return 数字


help(圆形面积计算)   # 显示函数的说明文档
help(字符串转数字)   # 显示函数的说明文档


while True:
    用户输入 = input("请输入半径数值：")
    if 用户输入 == "退出":
        break
    半径 = 字符串转数字(用户输入)
    if 半径 == None:
        print("错误！您输入的不是数字。")
    else:
        计算结果 = 圆形面积计算(半径)
        print("半径为", 半径, "的圆形面积为", 计算结果, sep="")
```

可以发现多出了一些内容，在每个函数的子语句块之前都出现了一些文字内容，这些内容是函数的说明文档。函数的说明文档一般包含输入（参数）、输出（返回值）与异常处理的相关内容。为代码撰写注释文档非常烦琐，但同时也非常重要。

在多人协同程序开发中，撰写函数说明文档是非常有必要的，它能够帮助他人更加容易读懂自己的代码，提升工作效率。这是一种良好的编程习惯，需要自愿养成。

函数的说明文档可以通过 Python 内置的"help"函数进行查看。使用方法就像示例代码中所示：help(函数名称)。

推荐做一些练习：

1）编写计算圆形周长的函数。

2）编写计算平行四边形面积与周长的函数。

3）编写计算三角形面积与周长的函数。

2.2.9　提升计算的难度——for 循环语句

是不是已经对圆形面积的计算感到厌烦了？那我们换一个新的问题。

问题：随机获取 1～100 中的 20 个数字，找出其中最大与最小的数字，并计算这组数字的平均值。

虽然是一个问题，但拆解开的话可以分为 3 个小问题。

1）获取随机数字。

2）找出最大值与最小值。

3）计算平均值。

我们逐一解决这些问题。

1．创建随机数字列表

随机数列表由 20 个随机数字组成。

Python 有一个内置的"random"模块，可以很方便地用来获取随机数。

看到"模块"这个词是不是有些不明白？实际上，我们已经自己创建过模块。圆形面积计算代码所保存的".py"文件就是一个模块。所以，模块可以简单理解为包含某些功能代码的 Python 文件。那么，如何使用模块呢？通过"import"关键字进行引入，就可以调用模块的功能代码。

Import：引入

Random：随机的

例如，题目中需要获取 20 个随机数字，这些数字都是 1～100 的整数。我们可以先引入"random"模块，再调用模块中的"randint"函数进行获取。"random"模块具有很多功能，可以通过官方文档做深入的了解，文档地址为 https://docs.python.org/zh-cn/3.9/library/random.html 。"randint"函数需要传入两个参数，确定获取的数字范围。根据题目要求，两个参数就是"1"和"100"。

```
import random

数字 = random.randint(1,100)
print(数字)
```

可是这样我们只能获取到 1 个随机数字。如果获取 20 个随机数字，怎么办？显然，需要把获取随机数字的语句执行 20 遍。使用"while"语句，可以完成这个需求。

```
import random

次数 = 20
while 次数>0:
    数字 = random.randint(1,100)
    print(数字)
    次数 -= 1  # 等同于"次数 = 次数 - 1"
```

示例代码中，语句"次数 -= 1"等同于"次数 = 次数 - 1"，也就是从变量"次数"中获取当前的次数值，减 1 后再赋值回变量"次数"。"-="是减法赋值运算符，与其类似的还有"+=""*=""/=""%=""**="以及"//="。

虽然 while 语句能够解决问题，但这里我们需要了解的是"for"语句，它是另外一种循环语句。代码如下。

```
for 元素 in range(20):
    数字 = random.randint(1,100)
    print(数字)
```

For：对于

In：在……里面

运行代码，效果与"while"语句一致。但是如何理解"for 元素 in range(20):"这一句代码呢？这需要先从"range(20)"说起。

Range：范围

"range(20)"是一个数字范围，它包含"0~19"这 20 个数字。

在命令行模式下输入"range(20)"，按〈Enter〉键之后并不能看到这 20 个数字，只能看到"range(0, 20)"这个结果。如果想看到这些数字，可以把它转换为列表。

```
>>> list(range(20))
[0, 1, 2, 3, 4, 5, 6, 7, 8, 9, 10, 11, 12, 13, 14, 15, 16, 17, 18, 19]
```

List：列表

我们通过 Python 内置的"list"函数可以把"range(20)"强制转换为列表类型，这样就看到了它所包含的数字。再试一次，输入"list(range(5, 30))"。

```
>>> list(range(5, 30))
[5, 6, 7, 8, 9, 10, 11, 12, 13, 14, 15, 16, 17, 18, 19, 20, 21, 22, 23, 24, 25, 26, 27, 28, 29]
```

知道了"range(20)"是什么，我们再回到"for 元素 in range(20):"这一句代码。代码中的"in"是成员运算符，表示前面的"元素"变量中保存的是后面"range(20)"中的一个成员。所以，"for 元素 in range(20):"可以理解为对于"range(20)"中的"元素"要做些什么。要做的事情就是"for"语句的子语句块，也就是获取随机数字与打印随机数字的两条语句。实际上，"for"语句会在每一次循环中，顺序取出"range(20)"中的一个数字，赋值给"元素"变量。

如果不理解，试着运行一下以下代码。

```
for 元素 in range(20):
    print(元素)
```

这个过程叫作"迭代"。能通过"for"语句循环取出元素的数据类型就叫作可迭代数据类型（Iterable）。

一般来说，"for"语句的作用是遍历取出可迭代数据中的每一个成员元素，然后使用成员元素编写代码，实现特定的功能。而在当前的示例中，我们并没有进一步使用"元素"变量，仅仅借助了"for"语句遍历可迭代数据时产生的循环作用。这么使用没有任何问题，不用关心取出的"元素"如何处理。

接下来，我们要思考一下，如果进一步进行运算，这 20 个随机数字保存到哪里？

前面我们查看"range(20)"的内容时，使用了列表（List）。列表是 Python 的一种基本数据结构，另外，还有三种基本数据结构，分别是元组（Tuple）、字典（Dict）、集合（Set）。先看一下列表如何使用。

列表由一对方括号"[]"与包含的元素组成，如果包含多个元素，需要用逗号隔开。

```
空列表: []
一个元素的列表: [1]
多个元素的列表: [0, 1, 2, 3, 4, 5, 6, 7, 8, 9, 10, 11, 12, 13, 14, 15, 16, 17, 18, 19]
```

列表的元素可以是各种数据类型，包括数字、字符串、变量、函数等。并且，操作列表有很多方法，包括插入（insert）、取出（pop）、移除（remove）、末尾添加（append）等。所以，我们可以先创建一个空列表，然后把每次获取的随机数字添加到列表中。

```
列表 = []
for 元素 in range(20):
    数字 = random.randint(1,100)
    列表.append(数字)
print(列表)
```

到这里，我们就完成了随机数字列表的创建。不过，像这样的列表，还有更简单的创建方法，就是使用列表推导式，代码如下。

```
列表 = [random.randint(1,100) for 元素 in range(20)]
print(列表)
```

示例代码中，列表推导式由两部分组成，前面是每次循环要添加到列表中的元素
"random.randint(1,100)"，后面是循环语句"for 元素 in range(20)"。需要注意的是，这两部分内容
要写在一对方括号"[]"之间。

再举一个例子。我们之前把"range(20)"变为列表用的是"list"函数，如果使用列表推导式如何
实现呢？答案很简单。

```
[元素 for 元素 in range(20)]
```

关于列表更详细的介绍，可以参考以下文档，文档地址为 https://docs.python.org/zh-
cn/3.9/tutorial/introduction.html#lists。

2. 找出最大值与最小值

我们完成了随机数字列表的创建。接下来，需要解决如何找出最大值与最小值的问题。使用
Python 内置的"max"函数和"min"函数能够非常方便地获取最大值和最小值。

Max（*Maximum*）：最大的
Min（*Minimum*）：最小的

```
最大值 = max(列表)
最小值 = min(列表)
print(最大值, 最小值)
```

但是，本着学习的目的，我们还是通过自己编写代码来实现这样的功能。

定义一个"求最大值与最小值"函数，随机数字列表作为函数的参数，最大值和最小值作为函数的
返回结果。

```
def 求最大值与最小值(列表):
    最大值 = None
    最小值 = None
    ...过程语句...
    return 最大值, 最小值
```

过程语句应该怎么写？我们来分析一下。

求值的过程中，需要依次取出列表中的随机数字。第一次取出数字时，最大值和最小值都是
"None"值，所以直接将数字赋值到最大值和最小值。之后，每一次取出的数字都和当前的最大值与最

小值进行比较。如果新取出的数字大于最大值，就将新取出的数字赋值到最大值。如果新取出的数字小于最小值，则将新取出的数字赋值到最小值。完整的函数语句如下。

```
def 求最大值与最小值(列表):
    最大值 = None
    最小值 = None
    for 数字 in 列表:
        if 最大值 == None:  # 第一次取出数字时
            最大值 = 最小值 = 数字  # 链式赋值
        else:  # 之后每次取出数字时
            if 数字 > 最大值:
                最大值 = 数字
            elif 数字 < 最小值:
                最小值 = 数字
    return 最大值, 最小值  # 返回最大值与最小值的元组
```

示例代码中，出现了一种新的赋值方式，叫作链式赋值。当我们给多个变量赋予相同的值时，可以采用这种简化的写法。另外，函数的"return"语句与之前不一样，这一次返回的是两个值。两个值用逗号隔开，是一个元组。

一起做个测试。在命令行模式下，多个值用逗号隔开，看看结果是什么？

```
>>> 1, 2, 3
(1, 2, 3)
```

一对圆括号"()"，其中的元素用逗号分隔，就是元组。

```
空元组: ()
一个元素的元组: (1,)
多个元素的元组: (0, 1, 2, 3, 4, 5, 6, 7, 8, 9, 10, 11, 12, 13, 14, 15, 16, 17, 18, 19)
```

注意，一个元素的元组必须在元素后方添加逗号。例如，"(1,)"表示的是元组，而"(1)"表示的是数字"1"。

```
>>> (1,)
(1,)
>>> (1)
1
```

当函数的返回值是一个元组时，如何分别获取元组中的值？很简单，用同等数量的变量来获取。

```
最大值, 最小值 = 求最大值与最小值(列表)
```

这也是一种给变量赋值的方式，称作序列解包。元组是序列的一种，解包是指把它包含的元素分解。分解之后，依次对应位置赋值给变量。到这里，我们完成了第二个需要解决的问题。完整的代码如下。

```python
import random

def 求最大值与最小值(列表):
    最大值 = None
    最小值 = None
    for 数字 in 列表:
        if 最大值 == None:   # 第一次取出数字时
            最大值 = 最小值 = 数字
        else:   # 之后每次取出数字时
            if 数字 > 最大值:
                最大值 = 数字
            elif 数字 < 最小值:
                最小值 = 数字
    return 最大值, 最小值   # 返回最大值与最小值的元组

列表 = [random.randint(1,100) for 元素 in range(20)]
最大值, 最小值 = 求最大值与最小值(列表)

print(列表)
print(最大值, 最小值)
```

关于元组更详细的介绍，可以参考以下文档，文档地址为https://docs.python.org/zh-cn/3.9/tutorial/datastructures.html# tuples-and-sequences。

3. 计算平均值

最后一个问题是求出随机数字列表中全部数字的平均值。

这个问题用 Python 内置的 "sum" 函数和 "len" 函数来解决也非常简单。

Sum：总和

Len（*Length*）：长度

```python
平均值 = sum(列表) / len(列表)
print(平均值)
```

同样，以学习为目的，我们自己编写代码来解决这个问题。

定义一个 "求平均值" 函数，随机数字列表作为函数的参数，需要统计总和与数字个数的数值，并且返回总和除以数字个数的结果。

```
def 求平均值(列表):
    总和 = 0
    个数 = 0
    ...过程语句...
    return 总和 / 个数
```

过程语句应该怎么写？我们来分析一下。首先，需要依次取出列表中的随机数字。每次取出数字时，需要和总和进行累加，数字个数需要递增 1。

完整的函数语句如下。

```
def 求平均值(列表):
    总和 = 0
    个数 = 0
    for 数字 in 列表:
        总和 += 数字  # 等同于"总和 = 总和 + 数字"
        个数 += 1  # 等同于"个数 = 个数 + 1"
    return 总和 / 个数
```

之前的示例代码中，"return"语句返回的是变量或元组，而这一次是一个计算公式，这并没有什么不妥！因为，"return"语句被执行时，会把后方的内容转化为最终值。

到这里，我们已经完成了本节的题目，完整的代码如下。

```
import random

def 求最大值与最小值(列表):
    最大值 = None
    最小值 = None
    for 数字 in 列表:
        if 最大值 == None:
            最大值 = 最小值 = 数字
        else:
            if 数字 > 最大值:
                最大值 = 数字
            elif 数字 < 最小值:
                最小值 = 数字
    return 最大值, 最小值

def 求平均值(列表):
    总和 = 0
```

```
个数 = 0
for 数字 in 列表:
    总和 += 数字
    个数 += 1
return 总和 / 个数
```

```
列表 = [random.randint(1,100) for 元素 in range(20)]
最大值, 最小值 = 求最大值与最小值(列表)
平均值 = 求平均值(列表)

print(列表)
print(最大值, 最小值)
print(平均值)
```

下面给出一个问题，请读者独立思考并编写代码。

问题：编写"幂"函数，参数为"底数"与"指数"，请避免使用乘方运算符。

例如：幂(5,2)表示计算 5^2，幂(4,3)表示计算 4^3。

答案：

```
def 幂(底数, 指数):
    乘积 = 1
    for i in range(指数):
        乘积 *= 底数
    return 乘积
```

2.3 提高编程的效率

这一节，我们一起了解面向对象的编程思想，学习面向对象的三大特性，提升代码的安全性、重用性、扩展性，从而提高编程效率。

2.3.1 分门别类——封装

若一个模块中包含了大量的函数，会显得非常杂乱。

```
def 圆形面积计算(半径):
    ...函数功能代码...
```

```
def 圆形周长计算(半径):
    ...函数功能代码...


def 圆形半径计算(周长 = 0, 面积 = 0):
    ...函数功能代码...


def 三角形面积计算(底边, 高度):
    ...函数功能代码...


def 三角形周长计算(底边, 高度):
    ...函数功能代码...


def 正方形面积计算(边长):
    ...函数功能代码...


def 正方形周长计算(边长):
    ...函数功能代码...


def 正方形边长计算(周长 = 0, 面积 = 0):
    ...函数功能代码...


def 矩形面积计算(底边, 侧边):
    ...函数功能代码...


def 矩形周长计算(底边, 侧边):
    ...函数功能代码...


def 平行四边形面积计算(底边, 高度):
    ...函数功能代码...


def 平行四边形周长计算(底边, 侧边):
    ...函数功能代码...


...更多函数代码...
```

　　显而易见，当有大量的函数时，调用和维护都不方便，可能找一个函数的代码都要花费大量时间。而且，在同一个模块中，函数的名称都是唯一的，取名都会变得困难。这就好像我们玩游戏注册时，游戏角色的名称如果被别人用了，就得再想另外一个。问题总要解决，我们一起来寻找解决方案。

想象一下，超市是如何管理大量的商品的？很容易想到是分类。然而，分类的依据是什么？同类的商品都具有某些相同的特征，如家电、零食、清洁、服饰等。另外，还有重名的问题。如果顾客想买电视机，怎么才能快速找到想买的电视机？一般电视机会根据品牌进行分类，相同品牌的电视机会摆放在同一个区域。而品牌是商品的一个特征。所以，根据特征进行分类，是有效的解决方案。

那么，我们编写的函数如何分类？示例代码中，都是对不同形状进行数学计算的函数，所以可以根据形状进行分类。例如，圆形计算、三角形计算、矩形计算、正方形计算和平行四边形计算。

但是，代码中如何体现出这些分类？可以通过定义专门的"类"，来完成分类。"class"是定义类的关键字。

Class：种类

以"圆形计算"类为例。

```
class 圆形计算:
    圆周率 = 3.14
    def 求面积(self, 半径):
        ...程序功能代码...

    def 求周长(self, 半径):
        ...程序功能代码...

    def 求半径(self, 周长 = 0, 面积 = 0):
        ...程序功能代码...
```

从示例代码可以看出，定义一个类的语句非常简单，由关键字"class"和类的名称组成。向右缩进的子语句块中，圆周率是每个函数都需要用到的数值，单独写在类中，叫作类变量。然后是类中函数，这些函数的参数出现了变化，第一个参数都是"self"，这个名称不是固定的，但默认情况下这个参数是必需的。至于为什么是必需的，我们看完善后的代码。

```
class 圆形计算:
    圆周率 = 3.14
    def 求面积(self, 半径):
        面积 = self.圆周率 * 半径 ** 2
        return 面积

    def 求周长(self, 半径):
        周长 = self.圆周率 * 半径 * 2
        return 周长
```

```
def 求半径(self, 周长 = 0, 面积 = 0):
    半径 = None
    if 周长:
        半径 = 周长 / self.圆周率 / 2
    if 面积:
        半径 = (面积 / self.圆周率) ** 0.5
    return 半径
```

示例代码中，通过"self"能够调用"圆周率"这个变量。为什么要这样调用？直接调用不行吗？要搞清楚这些问题，需要先了解类的实例化。

我们已经知道，执行一个函数，需要在函数名称后方加上一对圆括号"()"。而类的实例化是在类名称后方加上一对圆括号"()"，也就是将类的代码执行了一遍。

```
圆形计算()
```

每次对类的实例化，都是将类变成了一份单独保存到内存中的数据，这份数据通常称为"实例对象"（简称"实例"或"对象"），对象中包含类中定义的变量与函数。

这里，我们在命令行模式下做一个简单的测试。

定义一个类，并分别打印这个类和这个类的对象（object）。

```
>>> class 类:  # 定义一个类
      pass

>>> 类  # 打印类
<class '__main__.类'>
>>> 类()  # 对类进行实例化后打印
<__main__.类 object at 0x000001C9704BCE20>  # 数据对象的内存地址
>>> 类()  # 对类再次进行实例化后打印
<__main__.类 object at 0x000001C972225B50>  # 数据对象的内存地址发生变化
```

Object：对象

Main：主要的

因为只有一个模块在运行，当前运行的模块就是主模块，所以，运行结果中模块名称被"__main__"所代替。

运行结果第 1 句的意思是，打印的数据是主模块中的"类"。

运行结果第 2 句的意思是，打印的数据是主模块中"类"的"对象"，它保存在内存的"0x000001C9704BCE2"地址中。

运行结果第 3 句的意思和第 2 句类似，但对象的内存地址并不一样。

也就是说，通过一个类可以实例化出多个对象，每个对象都是独立存在的。

现在，我们知道了什么是类的实例化。接下来，要弄清楚类的函数中第一个参数 "self" 是什么，这样才知道它为什么是必需的。当我们把类实例化为对象之后，就可以通过对象来调用类中的函数。

```
圆形 = 圆形计算()  # 将实例化后的对象赋值到变量
圆形面积 = 圆形.求面积(6)  # 通过对象调用函数
print (圆形面积)
```

在当前代码的基础上，把 "求面积" 函数中的 "self.圆周率" 改写成 "圆周率"。然后，再次运行代码，此时发生错误。

```
Traceback (most recent call last):
    File "E:\Book\Python3.X\示例.py", line 23, in <module>
      圆形面积 = 圆形.求面积(6)
    File "E:\Book\Python3.X\示例.py", line 4, in 求面积
      面积 = 圆周率 * 半径 ** 2
NameError: name '圆周率' is not defined
```

名称错误：名称 "圆周率" 没有定义。

这就尴尬了，变量已经在类中定义了却访问不到，到底是为什么呢？这是因为在类中定义的变量，在实例化时会被转化为对象的变量，而对象的变量必须通过对象自身（self）进行调用。

此时，需要先把代码改回报错之前的版本，也就是把 "求面积" 函数中的 "圆周率" 改回 "self.圆周率"。再在类的末尾添加一个函数。

```
def 类中函数的第一个参数是什么(self):
    print(self)
```

是的，我想把 "self" 打印出来看一看到底是什么。

接下来，将类实例化后调用这个新的函数。

```
圆形 = 圆形计算()
print(圆形)  # 打印实例化的对象
圆形.类中函数的第一个参数是什么()  # 打印 self 参数
```

运行代码之后，我们能够看到两行相同的内容，类似于下方内容。

```
<__main__.圆形计算 object at 0x00000257DB921730>
<__main__.圆形计算 object at 0x00000257DB921730>
```

真相大白了，"self"就是实例化后的对象。

这里我们要记住几点重要的概念：

1）类中定义的变量（类的成员变量），在实例化时会转化为对象的属性。对象的属性只能通过对象进行调用。

2）类中定义的一般函数，必须设定首个参数用于接收实例对象，这种函数在实例化时会转化为对象的方法，即实例方法。实例方法也只能通过对象进行调用。

3）因为实例方法的首个参数是实例对象，所以可以通过首个参数调用实例对象的属性与方法。

提　示

　在类中，并不是所有函数都会在类的实例化时转化为实例方法，还有静态方法、类方法以及抽象方法等，这些方法需要在定义时进行特别的处理，在之后的内容中会有相关介绍。

如果在实例化时没有任何处理的话，对象的属性与方法是对类中变量与函数的直接引用，如图 2-3 所示。

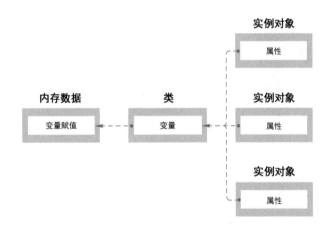

图 2-3　对象属性默认引用类变量的赋值

例如，改变类变量的赋值，对象的属性会随之更改。

```
圆形 = 圆形计算()   # 创建对象
print(圆形.求面积(6))   # 对象调用方法
圆形计算.圆周率 = 3.14159   # 改变类变量的赋值
print(圆形.求面积(6))   # 对象再次调用方法
```

运行代码，打印结果如下。

```
113.04
113.09724
```

也就是说，在对象创建之后改变了类变量的赋值，对象的属性赋值也会随之更改。

如果不想让对象的属性被类变量的改变所影响，可以动态地为属性赋值，切断属性与类变量的关联，如图 2-4 所示。

```
圆形 = 圆形计算()    # 创建对象
圆形.圆周率 = 3.14    # 动态改变对象属性的赋值
print(圆形.求面积(6))   # 对象调用方法
圆形计算.圆周率 = 3.14159    # 改变类变量的赋值
print(圆形.求面积(6))   # 对象再次调用方法
```

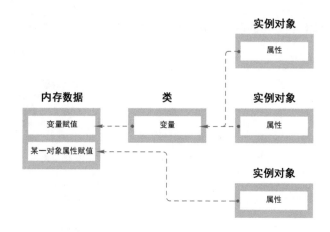

图 2-4　为某一对象属性赋值脱离对类变量的引用

运行代码，打印结果如下。

```
113.04
113.04
```

示例代码中，增加了一条为对象属性赋值的语句。之后，类变量的改变就不会再影响对象的属性，也就不会改变调用方法的结果。

因为"圆形计算"类包含成员变量"圆周率"，所以通过"圆形计算"类所实例化的所有对象都会包含"圆周率"属性。并且，这个属性如果没有经过动态改变，就会一直引用类变量的赋值。

不过，大多时候我们会希望同一个类所实例化的不同对象，能够具有不同的属性。如果所有对象都完全相同，那也就没有存在的必要了。

这就意味着同一个类所实例化的对象需要能够定制化。

为类的对象定制不同的属性，需要使用 "__init__" 方法，这个方法能够在类的实例化时自动执行。

Init: 初始化

假设，我们需要圆形计算时可以自定义圆周率，就可以通过 "__init__" 方法进行处理。

```
class 圆形计算:
    def __init__ (self, 圆周率 = 3.14):  # 通过初始化方法定义属性
        self.圆周率 = 圆周率

    def 求面积(self, 半径):
        面积 = self.圆周率 * 半径 ** 2
        return 面积

    def 求周长(self, 半径):
        周长 = self.圆周率 * 半径 * 2
        return 周长

    def 求半径(self, 周长 = 0, 面积 = 0):
        半径 = None
        if 周长:
            半径 = 周长 / self.圆周率 / 2
        if 面积:
            半径 = (面积 / self.圆周率) ** 0.5
        return 半径

圆形 A = 圆形计算()
print(圆形 A.求面积(6))
圆形 B = 圆形计算(3.14159)   # 实例化时传入属性值
print(圆形 B.求面积(6))
```

从示例代码能够看出，当类实例化时，传入的参数会被 "__init__" 方法获取，从而被添加为对象的属性。

2.3.2　继往开来——继承

我们在类中编写了一个 "__init__" 方法，这个方法能够在类的实例化时自动执行。是不是很奇怪？为什么这个方法会被自动执行？实际上，所有的类不管有没有编写 "__init__" 方法都会带有这个

方法。我们在命令行模式下做个测试。

```
>>> class 类:
        pass


>>> dir(类)  # "dir" 函数能够查看类的构成
['__class__', '__delattr__', '__dict__', '__dir__', '__doc__', '__eq__', '__format__', '__ge__',
'__getattribute__', '__gt__', '__hash__', '__init__', '__init_subclass__', '__le__', '__lt__', '__module__', '__ne__',
'__new__', '__reduce__', '__reduce_ex__', '__repr__', '__setattr__', '__sizeof__', '__str__', '__subclasshook__',
'__weakref__']
```

代码的运行结果是一个列表，"__init__"方法就包含在这个列表中。为什么明明是一个空的类，却包含这么多的内容呢？这是因为所有的类都继承自"object"类。

在 Python 3 之前，定义一个类的语句如下。

```
class 类(object):
        pass
```

类名称后方的一对圆括号中是超类（也叫作父类或基类）的名称。

而从 Python 3 开始，所有自定义的类都默认继承自"object"类，无须再显式继承。因为有这种继承关系，所以即便是一个没有编写任何代码的"空"类，依然包含了超类的所有内容。

这些名称两侧带有双下画线的方法被称为魔法方法，它们都有特殊的用途。例如，"__new__"方法用于构造实例对象，"__init__"方法用于定制实例对象。对于初学者来说，暂时没有必要对这些特殊方法做深入的了解，如果有兴趣的话可以参阅 Python 官方文档中"特殊方法名称"一节，文档地址为 https://docs.python.org/zh-cn/3.9/reference/datamodel.html#special-method-names。

通过定义类的方式封装代码，更加便于阅读与维护，是面向对象编程的第一特性。但定义类的目的，不仅仅是将代码封装在一起，还要让代码能够便于重用与扩展。

继承是面向对象编程的第二特性。通过类的继承能够达到对代码重用与扩展的目的。例如，我们定义一个平行四边形计算的类。

```
class 平行四边形计算:
    def __init__(self, 底边, 侧边 = 0, 高度 = 0):
        self.底边 = 底边
        self.侧边 = 侧边
        self.高度 = 高度


    def 求面积(self):
        面积 = self.底边 * self.高度
```

```
            return 面积

        def 求周长(self):
            周长 = (self.底边 + self.侧边) * 2
            return 周长
```

平行四边形包含底边、侧边和高度三个属性。在类的函数中，底边是每个函数都会用到的数值，所以底边定义为"__init__"函数的位置参数，在类实例化时必须提供这个参数；而侧边和高度，则可以根据进行某项计算有选择地提供。

```
平行四边形 = 平行四边形计算(6)
平行四边形.高度 = 3
面积 = 平行四边形.求面积()
print(面积)
平行四边形.侧边 = 4
周长 = 平行四边形.求周长()
print(周长)
```

接下来，让我们一起体验继承的作用。

矩形是一种特殊的平行四边形，它的高度与侧边相同。一个矩形的类该如何定义？

计算矩形周长的方法与计算平行四边形周长的方法一致，而面积的计算是"底边*侧边"。那么，我们可以让"矩形计算"类继承"平行四边形计算"类，然后重写"求面积"的方法。

```
class 矩形计算(平行四边形计算):  # 定义类时继承超类
    def 求面积(self):  # 重写超类的同名方法
        面积 = self.底边 * self.侧边
        return 面积
```

测试一下。

```
矩形 = 矩形计算(底边 = 3, 侧边 = 4)
面积 = 矩形.求面积()
周长 = 矩形.求周长()
print(面积)
print(周长)
```

通过示例代码我们能够看到，通过类的继承，不但能够非常方便地对超类代码进行重用，还能够在超类的功能上进行扩展。

另外，"矩形计算"类的代码还可以写成另外一种。我们知道矩形的侧边与高度相同，那就可以在"__init__"方法中，将得到的侧边数值传给超类同名函数的高度参数。

```
class 矩形计算(平行四边形计算):
    def __init__ (self, 底边, 侧边):
        super().__init__ (底边, 侧边, 高度 = 侧边)  # 调用超类函数并传入三个参数
```

示例代码中，函数"super"能够获取超类对象，通过超类对象能够调用超类的"__init__"方法。这样的写法同样能够得到正确的测试结果。

最后，我们再定义一个"正方形计算"的类，体验一下多重继承。注意，多重继承不同于多继承，简单示意一下就能明白这两种继承的区别。

先看多继承。

```
class A:
    pass
class B:
    pass
class C(A, B):  # 多继承，即继承多个超类
    pass
```

一个类（C）同时继承多个超类（A 和 B），称为多继承；如果多个超类中包含了同名属性或方法，调用时默认从左侧超类中调用。

再来看多重继承。

```
class A:
    pass
class B(A):  # 继承
    pass
class C(B):  # 多重继承
    pass
```

一个类（C）所继承的超类（B）也有继承超类（A），此时就出现了多重继承。最后一重定义的类（C）同时包含每一个超类（A 和 B）的属性与方法。

正方形是底边与侧边相等的矩形，它的面积和周长的计算可以完全与矩形相同。但是，正方形的计算应该只需要提供一个边长的参数就可以。所以，我们可以让"正方形计算"类继承"矩形计算"类，并重写初始化函数"__init__"。

```
class 正方形计算(矩形计算):
    def __init__ (self, 边长):
        super().__init__ (底边 = 边长, 侧边 = 边长)
```

无论"矩形计算"类是前面两种写法中的哪一种，正方形计算类都不会有任何问题。

```
正方形 = 正方形计算(边长 = 6)
面积 = 正方形.求面积()
周长 = 正方形.求周长()
print(面积)
print(周长)
```

2.3.3　千变万化——多态

面向对象编程的第三个特性是多态。

因为继承不是为了保持原封不动，而是为了在原有基础上做出改变或扩展更多的内容。所以，子类与超类或同一超类的其他子类要求同存异。

例如，同样是"面积计算"（同类事物），圆形和矩形以及三角形的"求面积"方法是不同的实现。

```
class 面积计算:
    def 求面积():
        raise AttributeError("子类需要实现此函数")   # 子类没有实现此函数时抛出异常

class 矩形面积计算(面积计算):   # 面积计算类的子类
    def __init__ (self, 底边, 侧边):
        self.底边 = 底边
        self.侧边 = 侧边

    def 求面积(self):
        面积 = self.底边 * self.侧边
        print("底边为", self.底边, "侧边为", self.侧边, "的矩形面积为", 面积, sep="")

class 圆形面积计算(面积计算):   # 面积计算类的子类
    def __init__ (self, 半径):
        self.半径 = 半径

    def 求面积(self):
        面积 = 3.14 * self.半径 ** 2
        print("半径为", self.半径, "的圆形面积为", 面积, sep="")

class 三角形面积计算(面积计算):   # 面积计算类的子类
    def __init__ (self, 底边, 高度):
        self.底边 = 底边
        self.高度 = 高度
```

```
def  求面积(self):
    面积 = self.底边 * self.高度 / 2
    print("底边为", self.底边, "高度为", self.高度, "的三角形面积为", 面积, sep="")
```

示例代码中，"面积计算"类是其他几个类的超类，所以所有的子类都是同类（"面积计算"类）。

在超类"面积计算"类中，"求面积"函数没有做任何定义，只是使用"raise"语句引发"AttributeError"（属性异常），提示"子类需要实现此函数"。而在其他几个子类中，"求面积"函数都有不同的实现。这就是同类事物的多种形态，称为**多态**。

Raise：引起

Attribute：属性

子类具有名称相同的函数，这些函数在类被外部调用时，体现为统一的接口。

编写一个"计算"函数调用"面积计算"对象的方法（接口）。

```
def  计算(面积计算):
    面积计算.求面积()
```

"计算"函数的参数需要传入一个"面积计算"类的对象，并且在函数中调用对象的"求面积"方法（接口）。

因为"圆形面积计算"类、"矩形面积计算"类以及"三角形面积计算"类都继承自"面积计算"类，所以，在"计算"函数被调用时，可以把这三个类的对象中任意一个作为参数传入。

```
圆形面积 = 圆形面积计算(半径 = 6)
计算(圆形面积)

矩形面积 = 矩形面积计算(底边 = 6, 侧边 = 5)
计算(矩形面积)

三角形面积 = 三角形面积计算(底边 = 6, 高度 = 5)
计算(三角形面积)
```

这就是通过继承让同类事物具有不同的形态，从而在调用时体现出的多态性。

实际上，在 Python 中，即便是毫无关联的类（没有显式继承相同的超类，也没有互相的继承关系），只要类中具有相同的函数，也可以直接通过对象进行调用。

比如，我们删除对"面积计算"类的继承，让"圆形面积计算"类、"矩形面积计算"类以及"三角形面积计算"类都是独立且互无关联的类。

```
class  矩形面积计算:
    def __init__ (self, 底边, 侧边):
```

```
                self.底边 = 底边
                self.侧边 = 侧边

            def 求面积(self):
                面积 = self.底边 * self.侧边
                print("底边为", self.底边, "侧边为", self.侧边, "的矩形面积为", 面积, sep="")

    class 圆形面积计算:
        def __init__(self, 半径):
            self.半径 = 半径

        def 求面积(self):
            面积 = 3.14 * self.半径 ** 2
            print("半径为", self.半径, "的圆形面积为", 面积, sep="")

    class 三角形面积计算:
        def __init__(self, 底边, 高度):
            self.底边 = 底边
            self.高度 = 高度

        def 求面积(self):
            面积 = self.底边 * self.高度 / 2
            print("底边为", self.底边, "高度为", self.高度, "的三角形面积为", 面积, sep="")


    def 计算(面积计算):
        面积计算.求面积()

    圆形面积 = 圆形面积计算(半径 = 6)
    计算(圆形面积)

    矩形面积 = 矩形面积计算(底边 = 6, 侧边 = 5)
    计算(矩形面积)

    三角形面积 = 三角形面积计算(底边 = 6, 高度 = 5)
    计算(三角形面积)
```

示例代码的运行结果并没有任何变化。这是因为 Python 支持鸭子类型（Duck Typing）。"当看到一只动物走起来像鸭子、游泳起来像鸭子、叫起来也像鸭子，那么这只动物就可以被称为鸭子。"所以，在 Python 中，我们不用关心对象是什么类型，只需要关心对象有没有特定的方法。这也比较符合很多时候的现实需求，只要能看电影，不管是计算机、手机、电视还是电影放映机都可以。

2.3.4　灵活多样——动态数据类型

在有些编程语言中，定义一个变量时，可以不给变量赋值，但必须声明变量的类型。

例如，C 语言中定义一个变量 "i"，然后给变量 "i" 赋值 "0"。

```
int i;
i = 666;
i = 888;
```

在执行语句 "int i;" 时，系统会在内存中分配一块大小适合存储整数类型数据的空间，并与变量 "i" 绑定。当执行 "i = 666;" 时，就会找到变量 "i" 对应的内存空间地址，将值存入。当执行 "i = 888;" 时，仍然会找到变量 "i" 对应的内存空间地址，用新值 "888" 覆盖旧值 "666"。也就是说，变量有固定的内存空间，来存储给变量的赋值。

因为是根据数据类型为变量分配内存空间，所以，变量 "i" 的赋值只能是整数类型。如果赋值是其他数据类型，就会发生异常，导致程序出错。

而 Python 不是这样。Python 在定义一个变量时，不需要声明数据类型，但必须赋值。

```
i = 666
i = "六六六"
```

当执行 "i = 666" 时，系统会根据赋值的类型分配内存空间，将值 "666" 存入，并与变量 "i" 建立引用关系。当执行 "i = "六六六"" 时，仍然会根据赋值的类型分配内存空间，将值 ""六六六"" 存入，并与变量 "i" 建立新的引用关系。所以，在 Python 中，变量和内存空间不是固定的对应关系。将哪一个数据赋值给变量，就将该数据所在的内存空间地址与变量名称相关联。

Python 中的变量可以赋值任何类型的数据。例如，可以把函数对象赋值到变量后再执行。

```
>>> 打印 = print   # 函数名称后方不加圆括号就是函数对象
>>> 打印("函数对象赋值到变量")
```

还可以将类对象赋值给变量后，再进行实例化。

```
>>> class 类:
        def __init__ (self):
            print("类对象赋值到变量")
>>> 类对象 = 类   # 类名称后方不加圆括号就是类对象
>>> 类对象()   # 实例化
```

> **提 示**
>
> 　　类对象与类的对象是两个不同的概念。在程序运行时，类会被解释后写入内存，成为一个数据对象，此时是类对象。当执行代码中的实例化语句时，会基于类对象产生一个新的数据对象写入内存，这个新的数据对象是类的对象。类对象只有一个，类的对象可以有任意个。

　　关于类的使用，在 Python 官方文档中还有更加深入的内容，可以参考学习。文档地址为 https://docs.python.org/zh-cn/3.9/tutorial/classes.html。

2.4　拿来主义——基于 qrcode 库生成二维码图片

　　这一节，让我们一起了解如何使用已有的外部资源，快速完成开发需求。

2.4.1　安装第三方库

　　库是指代码库，由若干包（Packages）和模块（Module）组成。我们自己编写的代码是第一方。Python 内置的代码是第二方，如 Python 标准库。文档地址为 https://docs.python.org/zh-cn/3.9/library/index.html。第三方库，就是指除了以上两种代码之外，由其他渠道提供的具有特定功能的代码库。

　　假如当前有一个需求，将一个网址 "http://www.opython.com" 生成一张二维码图片。这该怎么解决呢？

　　大多数人虽然经常使用二维码，但是根本不知道二维码的基本原理。有一个现成的 Python 库，名字叫 "qrcode"，使用这个第三方库，就能快速生成二维码图片。

　　一般来说，常用的第三方库都能够在 "PyPI" 找到，地址为 https://pypi.org/。在首页的搜索框中输入库的名称 "qrcode" 就能够查找到相应的库，如图 2-5 所示。

图 2-5　PyPI 网站界面

既然在"PyPI"能够找到我们需要的库，在 CMD 命令行模式下，就可以通过"pip"命令进行安装。

命令格式：pip install 库名称[== 版本号]

如果省略版本号，则会为我们安装最新版本的库，如图 2-6 所示。

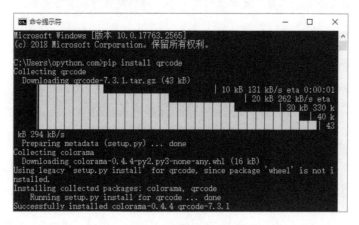

图 2-6　安装第三方库

提 示

受网络环境影响，安装时可能会耗费较长时间，需要耐心等待！

当出现"Successfully installed..."的提示时，则表示已经成功安装。

第三方库会安装到"site-packages"文件夹中，如图 2-7 所示。

图 2-7　安装完成的第三方库

2.4.2　使用第三方库

使用第三方库就像使用 Python 的内置模块，通过"import"语句进行引入即可。

```
import qrcode

数据 = "http://www.opython.com"
保存位置 = "二维码.png"  # 保存到项目文件所在目录中
二维码 = qrcode.make(数据)  # 创建二维码图片数据
二维码.save(保存位置)  # 保存二维码图片
二维码.show()  # 显示二维码图片
```

Make：创建

Save：保存

Show：显示

运行一下程序，可能会发生错误！

错误的最后一句是"ModuleNotFoundError: No module named 'Image'"。

Found：发现

未找到模块错误：没有名称为"Image"的模块。

"qrcode"库依赖于"image"库，也就是说在"qrcode"库的代码中引用了"image"库的代码。所以需要安装"image"库。

```
执行命令：pip install image
```

Image：图像

当完成"image"库的安装，再次运行代码。

真的成功了！

提　示

因为保存位置只包含文件名，生成的二维码图片会保存在当前 Python 文件的同一目录下。

仅仅几句代码，就顺利完成了一个生成二维码的程序。但是，这个二维码的样式、容错率等都是固定的。能不能自定义这些图片的属性呢？面向对象编程，当然能够让每个对象具有不同的属性。在"qrcode"模块中包含"QRCode"类，这个类可以创建二维码对象，并设定对象的属性，从而能够灵活地生成各种需求的二维码。

```
import qrcode
```

```
数据 = "http://www.opython.com"
二维码 = qrcode.QRCode(
    version = 1,  # 可容纳信息量的规格（1~40）
    error_correction = qrcode.constants.ERROR_CORRECT_L,  # 容错率（L:7%, M:15%, Q:25%, H:35%）
    box_size = 5,  # 每一点的尺寸（每增减 1 则增减 1 像素）
    border = 2,  # 外边框尺寸（每增减 1 则增减 5 像素）
)  # 实例化 "qrcode" 模块中的 "QRCode" 类
二维码.add_data(数据)  # 为对象添加数据属性
二维码.make(fit = True)  # 创建二维码
二维码图片 = 二维码.make_image(fill_color = "red", back_color = "blue")  # 创建二维码图片
二维码图片.show()  # 显示二维码图片
```

运行示例代码，就能够看到一张蓝底的红色二维码图片。

Version: 规格\版本

Correction: 修正

Constants: 常量

Box: 方框

Size: 尺寸

Border: 边框

Add: 添加

Data: 数据

Fill: 填充

Color: 颜色

Background: 背景

第3章
优化 Python 开发环境

Python 自带的开发与学习环境比较简陋，为了能够更舒适、更有效率地编写代码，我们需要更加优秀的编程开发环境。

3.1　下载安装 PyCharm

PyCharm 是一款功能丰富的编程工具。下载地址为https://www.jetbrains.com/zh-cn/pycharm/download/。下载完成后，双击安装程序，打开安装界面。我们只需要多次单击"Next>"按钮，即可完成默认安装。当然，也可以在出现安装选项界面时，勾选需要的项目，再进行安装，如图3-1所示。

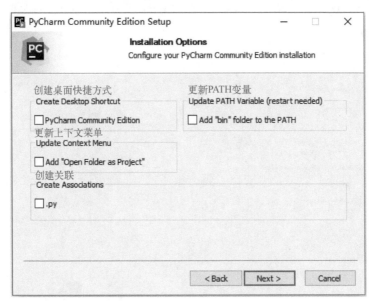

图 3-1　PyCharm 安装选项界面

3.2 使用 PyCharm

首次打开 PyCharm，会出现欢迎界面，如图 3-2 所示。

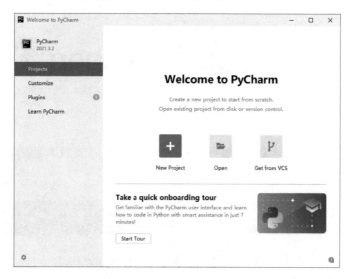

图 3-2　PyCharm 欢迎界面

单击"新建项目（New Project）"按钮，切换到项目设置界面，如图 3-3 所示。

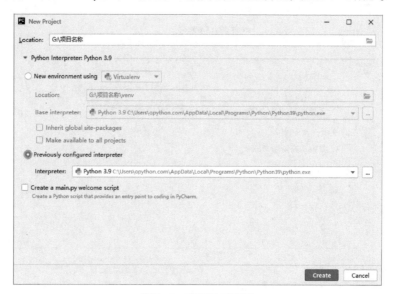

图 3-3　项目设置界面

在项目设置界面中，先选择或输入项目文件的保存位置（Location）。然后，可以选择创建一个项目专属的环境（Environment）。虚拟环境的主要作用是解决不同项目可能存在的不同环境需求。例如，不同的项目使用某种第三方库的不同版本。当前，我们没有对虚拟环境的需求，所以可以直接使用默认环境，选择之前已经配置的解释器（Previously Configured Interpreter）。

单击"创建（Create）"按钮，就完成了项目的创建。

新建的项目只有一个空白的文件夹。我们在文件夹上单击鼠标右键，选择新建（New），就可以创建 Python 文件（Python File），如图 3-4 所示。

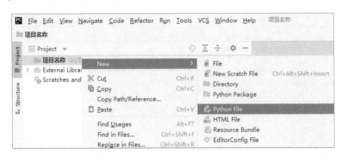

图 3-4 新建 Python 文件

当然，新建文件也可以在选中项目文件夹后，通过在导航栏的文件（File）菜单中选择新建（New...）选项进行创建。

另外，在文件（File）菜单中，也能够关闭当前的项目（Close Project）。

3.3 一劳永逸——添加语句模板

还记得"# -*- coding:utf-8 -*-"这条语句吗？这条语句是为了避免因为代码中包含中文所导致的编码异常。但是，每个文件都要写上这条语句，未免有些麻烦。

当我们使用 PyCharm 这款工具进行编程时，有一个一劳永逸的办法。

在导航栏的文件（File）菜单中，选择设置（Settings）选项。

在设置界面中，找到编辑器（Editor）中的文件与代码模板（File and Code Templates）选项，然后选择 Python 脚本文件（Python Script），在右侧的输入框中写入"# -*- coding:utf-8 -*-"这条语句，如图 3-5 所示。

同时，建议添加另外一段语句。

```
if __name__ == "__main__":
    pass
```

一般我们在编写一个模块的代码时，都会写一些测试语句，测试代码是否能够正常运行。这些测试语句最好写在"pass"语句所在的位置上，也就是说"pass"语句需要被测试语句所代替。语句中的"__name__"能够获取模块的名称，模块直接被运行时所获取的名称是"__main__"，模块被其他模块调用时所获取的名称是模块文件的名称（不含".py"）。

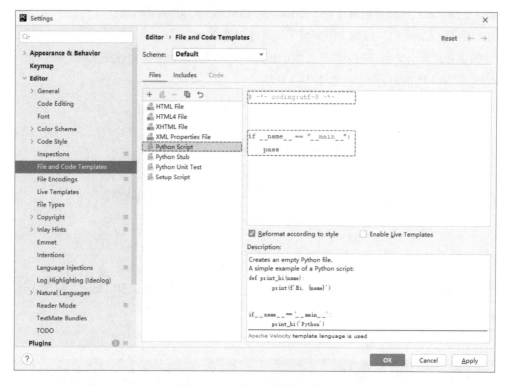

图 3-5　PyCharm 的设置界面

"if __name__ == "__main__":"的作用就是，只有直接运行当前模块时，才会运行它的子语句。为什么这么处理呢？因为当一个模块被其他模块调用时，模块中的所有代码会被执行一次，就会导致直接写在模块中的测试语句也会一并被执行。如果将测试代码写在"if __name__ == "__main__":"的子语句中，则不会出现这种情况。

PyCharm 是一款功能强大而丰富的开发工具，以上只是做了简单的介绍。更多详情可以通过官方的帮助文档进行了解，文档地址为 https://www.jetbrains.com.cn/help/pycharm/。

3.4　常用快捷键

有些快捷键便于我们编写或调试代码，请把它们记下来。

〈Shift+F10〉：运行代码（再次运行上一次运行的代码）。

〈Ctrl+Shift+F10〉：运行当前模块代码（运行当前所编辑文件的代码）。

〈Ctrl+Alt+L〉：格式化代码（快速将代码按规范格式排列）。

〈Shift+F6〉：重命名（同步修改模块中所有引用位置的名称）。

〈Ctrl+/〉：单行注释（将一行内容转为注释）。

〈Ctrl+B〉：跳转到定义（跳转到光标所在名称的定义语句，也可以按〈Ctrl〉键时单击名称进行跳转）。

〈Ctrl+Shift+↑〉：向上移动语句块。

〈Ctrl+Shift+↓〉：向下移动语句块。

〈Alt+Shift+↑〉：向上移动一行代码。

〈Alt+Shift+↓〉：向下移动一行代码。

第 4 章
Python 的基本数据操作

这一章，让我们一起了解 Python 语言中的一些常用数据结构。这些数据结构能够帮助我们解决遇到的问题，让代码变得更为简洁。

4.1 基本数据结构操作

这一节，让我们一起了解 Python 的 4 种基本数据结构，分别是元组、列表、字典与集合。

4.1.1 一组数字的排序

在入门阶段，我们已经接触过两种数据结构，即元组和列表。例如，"(1,2,3)"是一个元组，"[1,2,3]"是一个列表。元组和列表都支持通过索引（位置）访问，它们的索引左起从"0"开始。
我们做个测试。

```
>>> 元组 = ("金", "木", "水", "火", "土")
>>> 列表 = ["东", "南", "西", "北", "中"]
>>> 元组[0]
'金'
>>> 列表[0]
'东'
```

看上去元组与列表只是两侧的括号不同，但是元组是不可变的数据结构，而列表是可变的数据结构。也就是说，元组包含的元素不可修改，也不能添加或删除元素；而列表则支持这些操作。
继续做一些尝试。

```
>>> del 元组[4]
Traceback (most recent call last):
  File "<pyshell#17>", line 1, in <module>
    del 元组[4]
TypeError: 'tuple' object doesn't support item deletion
```

Del（*Delete*）：删除

Item：项

使用"del"关键字删除元组的元素时，会发生类型错误，提示元组对象不支持删除项。

而列表则没有任何问题，因为列表是可变数据类型。

```
>>> del 列表[4]
>>> 列表
['东', '南', '西', '北']
```

除了使用"del"关键字根据索引删除元素，列表还支持通过"remove"方法删除指定的元素。

```
>>> 列表.remove("南")
>>> 列表
['东', '西', '北']
```

另外，还有一个 pop 方法，能够从列表中取出元素。

```
>>> 元素 = 列表.pop()
>>> 列表
['东', '西']
>>> 元素
'北'
>>> 元素 = 列表.pop(1)
>>> 列表
['东']
>>> 元素
'西'
```

从示例代码能够看出，"pop"方法在不提供参数时，默认取出最后一个列表元素，也可以通过索引参数取出指定的元素。

元组和列表不仅能够通过索引读取单个元素，也可以读取某一区间的元素，这种方法叫作切片。

切片格式：列表[起始位置:终止位置:步长]。

```
>>> 列表 = [1, 2, 3, 4, 5, 6]
>>> 列表[3:]   # 从位置 3（第 4 个数字）读取到末尾
```

```
[4, 5, 6]
>>> 列表[:3]    # 从开始读取到位置 3
[1, 2, 3]
>>> 列表[1:4]   # 从位置 1 读取到位置 4 的前一位
[2, 3, 4]
>>> 列表[1:4:2]  # 从位置 1 读取到位置 4 的前一位，每 2 个元素读取一次
[2, 4]
```

在 Python 中，有序序列都支持切片操作。有序序列包含我们所接触过的元组、列表和字符串。

接下来，我们一起来完成本节的主要目标。

因为元组是不可变数据结构，所以，如果想对一组数字在原有数据结构的基础上进行排序，需要使用列表。

列表 = [6, 4, 7, 1, 9, 8, 5, 10, 2, 3]

这是一个包含 10 个数字的列表，需要将这个列表按升序排列。

当使用"print"函数打印"列表"时，能够输出"[1, 2, 3, 4, 5, 6, 7, 8, 9, 10]"的结果。

实际上，Python 内置的"sorted"函数可以完美地解决排序问题。

sorted(列表)

另外，列表对象本身也包含"sort"方法，可以用于排序。

列表.sort()

当前，我们从学习的角度出发，通过自己编写代码来解决问题。要想解决问题，必须先理清思路。

1）对列表的前两个数字（6 和 4）进行比较，如果后面的数字小于前面的数字，则两个数字互换位置，此时列表变为"[4, 6, 7, 1, 9, 8, 5, 10, 2, 3]"。

2）对第 2 个和第 3 个数字（6 和 7）进行比较，如果后面的数字小于前面的数字，则两个数字互换位置，此时列表无变化。

3）对第 3 个和第 4 个数字（7 和 1）进行比较，如果后面的数字小于前面的数字，则两个数字互换位置，此时列表变为"[4, 6, 1, 7, 9, 8, 5, 10, 2, 3]"。

4）以此类推，经过 9 轮比较，就能够将最大的数字"10"放到列表最后的位置上，此时列表变为"[4, 6, 1, 7, 8, 5, 9, 2, 3, 10]"。

5）然后，再进行第 2 轮比较，对列表中的前 9 个元素重复以上操作。

6）之后，再进行第 3 轮比较，对列表中的前 8 个元素重复以上操作。

7）再之后是第 4 轮、第 5 轮……比较。

根据以上思路，我们编写一个"数字排序"函数，函数的参数是一个列表。

```
def 数字排序(列表):
    总轮次 = len(列表) − 1  # 总轮次为 9
    for 次数 in range(总轮次):  # 次数为 0~8, 共 9 次循环
        for 位置 in range(总轮次 − 次数):  # 每轮循环减少比较次数
            if 列表[位置] > 列表[位置 + 1]:  # 比较相邻的两个数字大小
                列表[位置], 列表[位置 + 1] = 列表[位置 + 1], 列表[位置]  # 互换数字的位置
```

在示例代码中，语句"列表[位置], 列表[位置 + 1] = 列表[位置 + 1], 列表[位置]"能够直接将列表中的两个元素值进行互换，这是一种新的赋值方式，叫作交换赋值。

不仅仅列表能够实现这样的操作，变量也可以。

```
>>> a = 1
>>> b = 2
>>> a, b = b, a
>>> a
2
>>> b
1
```

并不是所有的编程语言都能进行交换赋值的操作，这是因为 Python 是动态数据类型，名称与数据对象的内存地址是引用关系，而不是绑定关系。如果是绑定关系，想将两个变量的值进行交换，就需要第三个变量的辅助。

```
>>> a = 1
>>> b = 2
>>> c = a
>>> a = b
>>> b = c
>>> a
2
>>> b
1
```

动态数据类型的好处就是让代码变得更加简洁直接，能够提高程序的开发效率。但是，它也会降低运行代码的效率，耗费更多的硬件资源。不过，随着硬件性能的提升，这种消耗的影响变得越来越小，这也是 Python 编程越来越流行的一个主要原因。

最后，我们测试一下"数字排序"函数。

```
列表 = [6, 4, 7, 1, 9, 8, 5, 10, 2, 3]
数字排序(列表)
print(列表)
```

4.1.2 反过来再排一次

数字的排序分为升序排序和降序排序。

Python 内置的 "sorted" 函数以及列表的 "sort" 方法都能够实现数字的排序，只需要在调用函数时，将 "reverse" 参数设置为 "True"（真值）。

```
sorted(列表,reverse = True)
列表.sort(reverse = True)
```

Reverse: 反转

但是，如果初学者自己来编写代码，该如何实现呢？

其实，只要把代码中条件判断语句的比较运算符由大于（＞）改为小于（＜），就可以了。

```
def 数字排序(列表):
    总轮次 = len(列表) − 1
    for 次数 in range(总轮次):
        for 位置 in range(总轮次 − 次数):
            if 列表[位置] < 列表[位置 + 1]:  # 比较关系由大于改为小于
                列表[位置], 列表[位置 + 1] = 列表[位置 + 1], 列表[位置]
```

现在出现了一个新的问题：怎么像内置函数那样，既能支持升序也能支持降序？

在调用排序函数时，升序和降序是不确定的，所以，可以把这个变量设定为函数的 "方向" 参数，由外部调用进行控制。

然后，在进行排序时根据不同的 "方向"，比较两个元素大小，从而进行不同的排序。

```
def 数字排序(列表, 方向 = "升序"):
    总轮次 = len(列表) − 1
    for 次数 in range(总轮次):
        for 位置 in range(总轮次 − 次数):
            if 方向 == "升序" and 列表[位置] > 列表[位置 + 1] or 方向 == "降序" and 列表[位置] < 列表[位置 + 1]:
                列表[位置], 列表[位置 + 1] = 列表[位置 + 1], 列表[位置]
```

有没有感觉条件很长，看上去很乱？下面我将条件整理一下。

```
def 数字排序(列表, 方向 = "升序"):
    总轮次 = len(列表) − 1
    for 次数 in range(总轮次):
        for 位置 in range(总轮次 − 次数):
```

```
        符合升序条件 = 列表[位置] > 列表[位置 + 1]
        符合降序条件 = 列表[位置] < 列表[位置 + 1]
    if 方向 == "升序" and 符合升序条件 or 方向 == "降序" and 符合降序条件:
        列表[位置], 列表[位置 + 1] = 列表[位置 + 1], 列表[位置]
```

可能比上一段代码容易理解，但是好像字更多了。

我又想了个办法，但是这个办法需要我们先接触一些新的知识。

4.1.3　键与值的结构——字典

Python 中还有一种数据结构叫作字典（Dict）。

先来看看字典的样子。

```
字典 = {"搭": "dā", "达": "dá", "答": "dá", "打": ("dǎ", "dá"), "大": ("dà", "dài")}
```

字典是使用一对花括号 "{}" 包含所有的元素，并且元素之间使用逗号分隔。所以，示例代码中的字典一共包含 5 个元素。

```
"搭": "dā",
"达": "dá",
"答": "dá",
"打": ("dǎ", "dá"),
"大": ("dà", "dài")
```

字典的每一个元素都由左侧的键（Key）与右侧的值（Value）组成，中间以冒号（:）分隔。它的键理论上是唯一的不可变数据类型。这样才能够准确地通过字典的键获取对应的值。

```
>>> 字典["搭"]
'dā'
```

而字典的值可以是任意数据对象，包括字符串、数字、元组、列表、字典等，也可以是函数、类、表达式等。

因为字典是无序序列，所以不能通过索引获取元素。它会将索引识别为键，当键不存在时引发键错误的异常。

```
>>> 字典[0]
Traceback (most recent call last):
  File "<pyshell#2>", line 1, in <module>
    字典[0]
KeyError: 0
```

当键不存在时，我们不希望异常导致程序中断的话，可以使用字典对象的"get"方法。

```
>>> 值 = 字典.get(0)
>>> print(值)
None
```

并且，"get"方法可以在键不存在时，返回指定的值。

```
>>> 值 = 字典.get(0, "-")
>>> print(值)
'-'
```

Get：获取

查询字典，有多种方法。"keys"方法能够获取字典所有的键，"values"方法能够获取字典所有的值，"items"方法能够获取字典所有的元素。

```
>>> 字典.keys()
dict_keys(['搭', '达', '答', '打', '大'])
>>> 字典.values()
dict_values(['dā', 'dá', 'dá', ('dǎ', 'dá'), ('dà', 'dài')])
>>> 字典.items()
dict_items([('搭', 'dā'), ('达', 'dá'), ('答', 'dá'), ('打', ('dǎ', 'dá')), ('大', ('dà', 'dài'))]
```

另外，字典和列表一样，是可变数据类型，所以也支持"pop"方法，取出某个元素，并获取元素的值。

```
>>> 值 = 字典.pop("搭")
>>> 值
'dā'
>>> 字典
{'达': 'dá', '答': 'dá', '打': ('dǎ', 'dá'), '大': ('dà', 'dài')}
```

需要注意，使用 pop 方法取出字典元素时，如果键不存在，也会发生键错误的异常。

既然字典是可变数据类型，它就能够添加、删除元素以及修改元素的值。

添加元素可以使用"setdefault"方法。

Set：设置

Default：默认

"setdefault"方法需要提供两个参数，键与默认值。

如果字典中键已存在，方法的返回值是已存在的键所对应的值。

```
>>> 字典.setdefault("达", None)
'dá'
```

这种情况和使用 get 方法的效果完全一致。

但是，如果字典中没有存在与参数相同的键，则会增加新的元素，元素的值就是参数中的默认值。

```
>>> 字典.setdefault("哒", "d ɑ")
'd ɑ'
>>> 字典
{'达': 'd á', '答': 'd á', '打': ('d ǎ', 'd á'), '大': ('d à', 'd à i'), '哒': 'd ɑ'}
```

为字典添加元素也可以使用 "update" 方法。

Update: *更新*

update 是更新的意思，为什么这个方法是用于添加元素的呢？这个方法的实质是，有则更新，无则添加。例如上一段代码中，"哒" 的拼音写错了，我们可以使用 "update" 方法进行修改，并且还能够同时添加新的元素到字典中。

```
>>> 字典.update([("哒","d ā"), ("嗒","d ā")])
>>> 字典
{'达': 'd á', '答': 'd á', '打': ('d ǎ', 'd á'), '大': ('d à', 'd à i'), '哒': 'd ā', '嗒': 'd ā'}
```

"update" 方法的参数是可迭代对象，如元组、列表或字典。

所以，下面两种写法也没有问题。

```
字典.update((("哒","d ā"), ("嗒","d ā")))
字典.update({"哒":"d ā", "嗒":"d ā"})
```

是不是感觉使用 "update" 方法修改元素的值有些麻烦？

其实，如果确定字典中有某个键，并且要修改这个键所对应的值，完全可以通过键进行修改。

```
字典["哒"] = "d ā"
```

通过键也能够进行元素的删除。

```
del 字典["哒"]
```

另外，还有一个 "clear" 方法，用于清空字典所有的元素。

到这里，我们已经大致了解了字典这种数据结构。回到列表排序的问题上，我们可以使用字典完成 "方向" 与 "条件" 的对应关系，从而简化代码。

```
def 数字排序(列表, 方向 = "升序"):
    总轮次 = len(列表) - 1
    for 次数 in range(总轮次):
        for 位置 in range(总轮次 - 次数):
            条件 = {"升序": 列表[位置] > 列表[位置 + 1], "降序": 列表[位置] < 列表[位置 + 1]}  # 使
```

用字典建立排序方向与位置判断的关系

```
            if 条件.get(方向):  # 符合任意一种排序条件时
                列表[位置], 列表[位置 + 1] = 列表[位置 + 1], 列表[位置]


    列表 = [6, 4, 7, 1, 9, 8, 5, 10, 2, 3]
    数字排序(列表, "无序")
    print(列表)
```

4.1.4 去除重复——集合

从数据类型来说，Python 3 共有 6 种基本数据类型，其中，数字（Number）、字符串（String）和元组（Tuple）是不可变数据类型；列表（List）、字典（Dict）和集合（Set）是可变数据类型。而从数据结构来说，元组、列表、字典和集合是 Python 3 的 4 种基本数据结构。集合是我们尚未接触过的一种数据类型与数据结构。它和字典一样，是一种无序序列。但与字典所不同的是，集合仅由值组成。

我们一起看看集合的样子。

```
集合 = {"Python", "Java", "C", "Basic"}
```

集合中，一对大括号"{}"包含了所有的元素，但是每一项元素都只有值。

既然集合是可变数据类型，那么它就能够添加元素。

添加单个元素可以使用"add"方法。

```
集合.add("D")
```

添加多个元素，可以像字典一样，使用"update"方法。

```
集合.update(["Golang","Ruby"])
```

删除元素不支持使用"del"关键字，但是支持"remove"方法。

```
集合.remove("D")
```

集合还支持"pop"方法，但是和列表不同，集合取出的元素是随机的。也就是说，不能保证每次取出的元素是什么。

```
元素 = 集合.pop()
```

集合也支持"clear"方法，用于清空集合所有的元素。

如果只是以上这些，集合显得没有太多特别之处。

下面，我们来看一下集合独有的一些功能。

假如，有一个电器列表，包含了一些电器名称。

> 电器列表 = ['计算机', '空调', '电视机', '洗衣机', '电风扇', '电磁炉', '电饭锅', '冰箱', '洗衣机', '电视机', '电视机', '洗衣机', '电饭锅', '电饭锅', '电磁炉', '电磁炉', '洗衣机', '空调', '洗衣机', '洗衣机', '计算机', '计算机', '电视机', '电饭锅', '电风扇', '计算机', '计算机', '冰箱', '空调', '冰箱', '电视机', '洗衣机', '电磁炉', '电磁炉', '空调', '计算机', '洗衣机', '电磁炉', '洗衣机', '空调', '电视机', '电饭锅', '电视机', '电风扇', '计算机', '电风扇', '洗衣机', '电风扇', '计算机', '电磁炉', '电磁炉', '空调', '电风扇', '洗衣机', '空调', '洗衣机', '冰箱', '电视机', '空调', '电饭锅', '空调', '空调', '电风扇', '计算机', '电风扇', '空调', '电磁炉', '计算机', '空调', '洗衣机', '电磁炉', '电磁炉', '冰箱', '洗衣机', '电饭锅', '电风扇', '计算机', '空调', '电风扇', '计算机', '电磁炉', '计算机', '电风扇', '洗衣机', '电视机', '电视机', '电磁炉', '电饭锅', '空调', '电视机', '冰箱', '冰箱', '电磁炉', '冰箱', '电视机', '电饭锅', '洗衣机', '电饭锅', '电饭锅']

看着这个列表是不是感觉有些混乱？统计这个电器列表中包含哪些类型的电器，你能想到的解决方案是什么？

可能是这样一段代码。

```
电器列表 = ["计算机",...省略部分列表内容...,"电饭锅"]
类型 = []
for 电器 in 电器列表:
    if 电器 not in 类型:
        类型.append(电器)
print(*类型)
```

注意

> 示例代码中，"类型"是一个列表，在打印列表时前面添加一个星号 "*"，就能够将列表分解为多个元素（序列解包），作为 "print" 函数的多个参数打印出来。这个操作也可用于字符串、元组、字典、集合等序列。

如果使用集合怎么处理呢？

```
电器列表 = ["计算机",...省略部分列表内容...,"电饭锅"]
类型 = set(电器列表)  # 将列表转换为集合
print(*类型)
```

就是这么简单！只需要把列表通过 "set" 函数转换为集合，就能够实现去重的效果。

再来看一个例子。有两个兴趣班，美术班和音乐班，每班都有一些学生报名。

```
美术班 = ["周星","葛超","邓恺","郑晨","李优"]
音乐班 = ["邓恺","贾刚","郑晨","李优","郭玲"]
```

问题来了！哪些学生同时报了两个兴趣班？代码可能是这样的。

```
报两个兴趣班 = []
for 学生 in 音乐班:
    if 学生 in 美术班:
        报两个兴趣班.append(学生)
print(*报两个兴趣班)
```

接下来，是使用集合的代码。

```
报两个兴趣班 = set(美术班) & set(音乐班)    # 转为集合做交集运算
print(*报两个兴趣班)
```

继续提问：美术班的哪些同学没有报名音乐班？

```
学生 = set(美术班) – set(音乐班)    # 转为集合做差集运算
print(*学生)
```

继续提问：哪些学生只报了一个兴趣班？

```
学生 = set(美术班) ^ set(音乐班)    # 转为集合做对称差集运算
print(*学生)
```

最后一个问题：两个班都有哪些学生？

```
学生 = set(美术班) | set(音乐班)    # 转为集合做对称并集运算
print(*学生)
```

以上，就是关于集合的一些使用介绍。

在这一节中，我们一起学习了 Python 的四种数据结构，分别是元组、列表、字典与集合。这里所介绍的只是一些常用的内容，关于数据结构更为详细的介绍，可以参阅 Python 的官方文档。数据结构官方文档地址为 https://docs.python.org/zh-cn/3.9/tutorial/datastructures.html。数据类型官方文档地址为 https://docs.python.org/zh-cn/3.9/library/stdtypes.html。

4.2　字符串的操作与格式化

这一节，我们一起了解字符串的一些常见操作，以及如何对字符串进行格式化，方便文字信息的输出。

4.2.1　身份证号码验证

身份证是我们再熟悉不过的证件，它最重要的内容就是上面的 18 位数字。但是，可能很多人不知道，这 18 位号码的玄机。

　　举个例子，身份证号码为 120102205006021019。这个身份证号码是一个虚拟的号码，但是它符合真实的身份证号码规则。号码的第 1～6 位"120102"是地址码，表示身份证持有人户籍所在地的省、市、区县。号码的第 7～14 位"20500602"是出生日期码，表示身份证持有人的出生日期。号码的第 15～17 位"101"是顺序码，顺序码的前两位是每个区县级的下辖派出所的分配码，第三位是派出所管辖区域内出生日期相同的人的顺序编号，男性为单数，女性为双数。号码的第 18 位"9"是校验码，是基于前 17 位数字，通过特定算法而得出。

　　了解了以上内容，我们接下来的目标是编写一个身份证验证器，用于获取身份证信息以及验证身份证号码的合法性。

　　我们先来看一下身份证验证程序，如图 4-1 所示。

```
------------ 程序开始 ------------
请输入身份证号码：120102205006001019
------------------------------------
错误：身份证号码输入有误，请重新输入！
------------------------------------
请输入身份证号码：120102205006021019
------------------------------------
所属地区：天津
出生日期：2050年06月02日
性别：男
验证结果：通过
------------------------------------
请输入身份证号码：退出
------------ 运行结束 ------------
```

图 4-1　身份证验证程序

身份证号码的验证分为两个部分。

第一部分，验证内容，包括格式与信息。

1）整体号码是否为 18 位字符？

2）前 17 位字符是否为数字？

3）第 18 位字符是否为 0～9 以及或"X"。

4）地区代码部分是否有效？

5）出生日期部分是否为正确的日期类型？

第二部分，验证校验码。

校验码是通过身份证号码的前 17 位计算而来的。

前 17 位对应着 17 个加权因子（数字）见表 4–1。

表4–1　前 17 位对应的加权因子

位置	1	2	3	4	5	6	7	8	9	10	11	12	13	14	15	16	17
加权因子	7	9	10	5	8	4	2	1	6	3	7	9	10	5	8	4	2

每个位置上的数字与加权因子相乘后，全部加在一起的总和对 11 取余数，会得到一个 0～10 的数字，这 11 个数字分别对应一个固定的校验码，见表 4–2。

表4–2　余数及其对应的校验码

余数	0	1	2	3	4	5	6	7	8	9	10
校验码	1	0	X	9	8	7	6	5	4	3	2

也就是说，我们通过对前 17 位数字进行计算得出的校验码只要与第 18 位字符相同，身份证号就可以校验通过，否则，校验失败。

另外，除了对号码进行验证，还要读取相关信息。

1）读取地区信息。

2）读取性别信息。

3）读取出生日期信息。

根据以上分析内容，我们先把身份证验证器的结构搭建出来。

```
class 身份证验证器:
    _地区 = {"11": "北京", "12": "天津", "13": "河北", "14": "山西", "15": "内蒙古", "21": "辽宁", "22": "吉林", "23":
"黑龙江 ", "31": "上海", "32": "江苏", "33": "浙江", "34": "安徽", "35": "福建", "36": "江西", "37": "山东", "41": "河南","42": "湖北",
"43": "湖南", "44": "广东", "45": "广西", "46": "海南", "50": "重庆", "51": "四川", "52": "贵州","53": "云南", "54": "西藏", "61": "陕
西", "62": "甘肃", "63": "青海", "64": "宁夏", "65": "新疆", ...}
    _加权因子 = 7, 9, 10, 5, 8, 4, 2, 1, 6, 3, 7, 9, 10, 5, 8, 4, 2
    _校验码 = "1", "0", "X", "9", "8", "7", "6", "5", "4", "3", "2"

    def __init__(self, 身份证号码):
        pass

    def 获取地区(self):
        pass
```

```
        def 获取日期(self):
            pass

        def 获取性别(self):
            pass

        def 地区检查(self):
            pass

        def 日期检查(self):
            pass

        def 格式检查(self):
            pass

        def 算法校验(self):
            pass

        def 内容校验(self):
            pass

    def 主程序():
        pass
```

在示例代码中，"身份证验证器"类定义了一些常量，包括地区代码与对应名称的字典以及加权因子与校验码的元组，这些都是不变的数据属性。

> **提 示**
>
> 因为全国地区划分数量较为庞大，示例中只精确到省级与特别行政区的地区信息。

然后，我们开始编写每一个方法的代码。

1）"__init__"方法中，我们需要获取输入的身份证号作为对象的数据属性，以便在其他方法中进行调用。

```
    def __init__ (self, 身份证号码):
        self.身份证号码 = 身份证号码
```

2）"获取地区"方法中，我们需要获取到身份证号码的前两位，也就是省（或直辖市）的代码。因为字符串是有序序列，我们可以像操作列表一样，使用切片的方法进行获取。然后通过"_地区"字典获取省（或直辖市）的中文名称。

```
def 获取地区(self):
    代码 = self.身份证号码[:2]
    return self._地区[代码]
```

3）"获取日期"方法中，我们同样通过切片的操作，分别获取身份证号码中的"年""月"
"日"，并以元组的方式返回。

```
def 获取日期(self):
    年 = self.身份证号码[6:10]
    月 = self.身份证号码[10:12]
    日 = self.身份证号码[12:14]
    return 年, 月, 日
```

4）"获取性别"方法中，我们通过索引获取性别的数字代码，并使用"int"函数转换为整数类
型。因为男性为单数，女性为双数，所以我们用性别的数字代码对 2 取余数，这样，男性会得到余数
1，女性会得到余数 0，通过进行条件判断，就可以分别返回"男"或者"女"。

```
def 获取性别(self):
    性别代码 = int(self.身份证号码[16]) % 2
    性别 = "男" if 性别代码 else "女"
    return 性别
```

示例代码中，出现了一种新的赋值方式，通过条件进行赋值。当条件成立时，为变量赋予"if"语
句左侧的值，否则赋予"else"语句后面的值。

在示例代码中，"if"语句的条件只有"性别代码"这个变量，这是因为"性别代码"的值是 1 或
0，而 1 或 0 本身就是真值与假值，当"性别代码"的值为 1 时条件成立，为 0 时条件不成立。

5）"地区检查"方法中，我们需要获取到身份证号码的前两位地区代码，通过"in"操作符建立表
达式，如果地区代码在地区字典中存在，表达式的值为真值，否则为假值。

```
def 地区检查(self):
    检查结果 = self.身份证号码[:2] in self._地区
    return 检查结果
```

6）"日期检查"方法中，我们需要获取到身份证号码中代表日期的部分，然后验证这一部分
是否为正确的日期格式。"time"模块是 Python 的内置模块，"time"模块中的"strptime"函数
能够将一个时间字符串转换为时间元组，如果转换成功则说明时间字符串格式正确，否则会引发异
常。所以，可以通过"import"语句引入"time"模块，并对转换语句进行异常捕捉，如果未发生
异常返回真值，否则返回假值。

```
    def 日期检查(self):
        import time
        try:
            time.strptime(self.身份证号码[6:14], "%Y%m%d")
            return True
        except:
            return False
```

7）"格式检查"方法中，我们使用 Python 内置的"len"函数获取身份证号码的长度，并使用"isdigit"方法验证身份证号码前 17 位是否为整数。因为身份证号码第 18 位可能为小写字母"x"，而"_校验码"列表中是大写字母"X"，所以先使用"upper"方法将字符转为大写字母，再使用"in"操作符验证"_校验码"列表是否包含该字符。如果所有验证都正确就返回真值，否则返回假值。

```
    def 格式检查(self):
        检查结果 = len(self.身份证号码) == 18 \
                and self.身份证号码[:17].isdigit() \
                and self.身份证号码[-1].upper() in self._校验码
        return 检查结果
```

Upper：大写

示例代码中的反斜杠"\"用于将长语句分行。

8）"算法校验"方法中，需要通过一系列计算验证身份证号码最后一位是否正确。先通过索引（−1 即倒数第 1 位）获取身份证号码最后一位。然后，通过列表推导式将身份证号码前 17 位的每一位数字与对应的加权因子相乘，将结果保存到列表中。再使用 Python 内置的"sum"函数对"加权列表"求和并对 11 进行取余数的计算，得出校验码在"_校验码"列表中的位置，通过得到的位置取得对应的校验码。最后，将计算得出的校验码与待验证的校验码进行比较，如果相同就返回真值，否则返回假值。

```
    def 算法校验(self):
        待验证码 = self.身份证号码[-1]
        加权列表 = [int(self.身份证号码[位置]) * self._加权因子[位置] for 位置 in range(17)]
        校验位置 = sum(加权列表) % 11
        真校验码 = self._校验码[校验位置]
        校验结果 = 待验证码 == 真校验码
        return 校验结果
```

9）因为内容校验包含格式检查、地区检查以及日期检查，为了方便之后的调用，我们单独编写一个"内容校验"方法，包含这三种检查方法。如果所有检查都正确就返回真值，否则返回假值。

```
    def 内容校验(self):
        校验结果 = self.格式检查() and self.地区检查() and self.日期检查()
```

return 校验结果	

以上就是"身份证验证器"类的全部属性与方法。

最后，我们编写一个主程序，调用"身份证验证器"进行身份证号码验证。

4.2.2　字符串格式化

在编写主程序之前，我们需要先了解一些字符串的操作知识。

在图 4-1 中，程序开始与运行结束以及运行过程中会打印一些带有横线"–"的内容。程序开始与运行结束时，文字两侧的横线各 13 个，程序运行时的横线是 35 个。

在编写代码时，输入这么多横线有点儿麻烦，还很容易出错。

还好，字符串支持使用"*"运算符进行重复，13 个横线只需要""–" * 13"即可。

```
>>> "–" * 13
'–––––––––––––'
```

除了"*"运算符，字符串还支持使用"+"运算符进行连接。

```
>>> 姓名 ="小楼"
>>> 形容词 ="英俊潇洒"
>>> 姓名 + 形容词
'小楼英俊潇洒'
```

所以说，用 Python 语言编程，真的非常方便。

但是，这种连接方式如果还要添加其他文字内容会比较麻烦。比如，"小楼外表英俊潇洒！"，中间多了两个字，末尾多了个叹号！处理起来就麻烦了。

```
>>> 姓名 +"外表"+ 形容词 +"!"
'小楼外表英俊潇洒!'
```

如果不觉得麻烦，我们再添加年龄信息，打印出"小楼今年 18 岁，外表英俊潇洒！"。

```
>>> 年龄 = 18
>>> 姓名 +"今年"+ 年龄 +"岁，外表"+ 形容词 +"! "
Traceback (most recent call last):
  File "<pyshell#7>", line 1, in <module>
    姓名 +"今年"+ 年龄 +"岁，外表"+ 形容词 +"! "
TypeError: can only concatenate str (not "int") to str
```

类型异常：只能字符串类型连接字符串类型，不能整数类型连接字符串类型。

拼这个字符串不但麻烦，而且还出现了错误。

既然这样连接会报错，那我们换个方式，使用"%"操作符进行嵌入操作。

```
>>> "%s 今年%d 岁，外表%s!" % (姓名, 年龄, 形容词)
'小楼今年 18 岁，外表英俊潇洒!'
```

示例代码中，"%"操作符的左侧是需要格式化的字符串，其中"%s"和"%d"是占位符，"%s"表示该位置要嵌入字符串类型的数据，"%d"表示该位置要嵌入整数类型的数据。而"%"操作符的右侧必须提供一个元组参数，元组所包含的元素就是左侧字符串中从左到右要嵌入的数据。需要注意的是，元组必须加上括号，否则会识别为多个参数，导致异常。

如果不喜欢"%"操作符这种方式，也可以使用更先进的方式，调用字符串的 format（格式化）方法进行格式化。

```
>>> "{}今年{}岁，外表{}!" .format(姓名, 年龄, 形容词)
'小楼今年 18 岁，外表英俊潇洒!'
```

使用"format"方法需要使用大括号"{}"在字符串中进行占位，方法的参数按照从左到右的顺序对应传入。如果不按顺序传入参数，则需要在大括号中标注顺序号。

```
>>> "{1}今年{2}岁，外表{0}!" .format(形容词, 姓名, 年龄)
'小楼今年 18 岁，外表英俊潇洒!'
```

关于"format"方法在这里只做简单的介绍，更多示例可以参考官方文档。文档地址为 https://docs.python.org/zh-cn/3.9/library/string.html?format-examples#format-examples 和 https://docs.python.org/ zh-cn/3.9/tutorial/inputoutput.html#the-string-format-method。

其实，目前较好的方法是使用"F-string"方法进行格式化。"F-string"全称是"Formatted String Literals"，即字符串文本格式化，代码如下。

```
>>> f"{姓名}今年{年龄}岁，外表{形容词}!"
'小楼今年 18 岁，外表英俊潇洒!'
```

首先在字符串之前写入一个"F"或"f"，然后同样使用大括号"{}"嵌入数据，直接把数据填入大括号中。

另外，大括号中还能够进行运算。

```
>>> 长度 = 6
>>> 宽度 = 9
>>> F"长度为{长度},宽度为{宽度}的长方形，它的面积是{长度 * 宽度}。"
'长度为 6,宽度为 9 的长方形，它的面积是 54。'
```

关于 F-string 在这里只做简单的介绍，更多示例可以参考官方文档 https://docs.python.org/zh-cn/3.9/reference/lexical_analysis.html#formatted-string-literals、https://docs.python.org/zh-cn/3.9/ tutorial/

inputoutput.html#formatted-string-literals。在我们了解了字符串格式化之后，就能够在身份证验证器输出身份信息时派上用场了。

身份证号码验证的主程序如下。

```
def 主程序():
    print("-" * 13, "程序开始", "-" * 13)    # 打印程序开始的横线
    while True:    # 循环验证过程
        输入内容 = input("请输入身份证号码: ")    # 获取输入内容
        if 输入内容 == "":    # 未输入内容时继续下一次循环
            continue
        if 输入内容 == "退出":    # 输入退出指令时跳出循环
            break
        print("-" * 35)    # 获取输入内容后打印分割线
        验证器 = 身份证验证器(输入内容)    # 传入身份证号码实例化出一个身份证验证器对象
        if not 验证器.内容校验():    # 调用内容校验方法，如果返回值非真值，打印错误信息
            print("错误: 身份证号码输入有误，请重新输入! ")
        else:    # 否则，进行算法校验
            if 验证器.算法校验():    # 如果算法校验通过，保存通过的结果
                验证结果 = "通过"
            else:    # 否则，保存失败的结果
                验证结果 = "失败"
            地区 = 验证器.获取地区()    # 获取地区信息
            年, 月, 日 = 验证器.获取日期()    # 获取日期信息
            日期 = f"{年}年{月}月{日}日"    # 拼接为需要的格式
            性别 = 验证器.获取性别()    # 获取性别信息
            信息内容 = f"所属地区: {地区}\n 出生日期: {日期}\n 性别:{性别}\n 验证结果: {验证结果}"
# 将所有获取的信息拼接成最终结果
            print(信息内容)    # 打印身份信息内容
        print("-" * 35)    # 一次验证完成后打印分割线
    print("-" * 13, "运行结束", "-" * 13)    # 循环结束后打印运行结束的横线
```

由上至下阅读代码后方的注释，就能够清楚地理解主程序的完整运行过程。

提示

信息内容的字符串格式化中使用了转义字符 "\"，"\n" 是换行符。

编写完主程序之后，运行主程序，测试程序是否能够完美地进行身份证号码的验证吧！

```
if __name__ == "__main__":
    主程序()
```

第 5 章
掌握 Python 的特别函数

这一章，让我们一起了解 Python 中一些比较特别的函数构成，以及它们的实际用途。

5.1 生成器

假如，我们的项目文件夹中有一个文本文件，名字叫作 "密码文件"。这个文件中，包含了 5 万个游戏充值卡密码。我们需要编写一个获取密码的程序，输入 "提取" 指令，可以读取出一个密码。在编写获取密码的程序之前，我们需要先创建这个密码文件。

5.1.1 数据加密——基于 hashlib

密码文件中的密码由数字与大写字母（A~F）组成，长度是 16 位字符。这么多的密码如何创建呢？

Python 有一个名称为 "hashlib" 的内置模块。在 "hashlib" 模块中，包含一个 "md5" 函数，这个函数能够获取某一数据的哈希对象。再通过哈希对象的 "hexdigest" 方法就能够得到 32 位的十六进制字符串。截取十六进制字符串的中间 16 位，就能得到 16 位密码。

Hex: 十六进制

Digest: 摘要

什么是哈希？哈希又叫作散列，能够把任意长度的输入通过散列算法变换成固定长度的输出。

我们要使用的算法是 MD5 算法，无论输入什么数据，也无论数据多大，经过 MD5 算法都能够得到 32 位字符的十六进制字符串。这个十六进制字符串没有办法反向还原成原数据，从而具有极高的安全性。

在实际应用中，保存用户的账号密码时保存的都不是原始信息，而是对账号密码进行不可逆的加密之后，再做保存。验证账号密码时，也是对用户的输入进行同样的加密后，进行匹配验证。这样即使数据泄露，也无法得到用户的原始信息，从而保障数据安全。

说到这里，想一想，为什么在用户找回密码时，需要重新设置新密码，而不是把用户的原密码发给用户？这是因为，原密码根本就没有被保存，保存的只是不可逆的加密信息。

接下来，对于我们的问题，要在加密时输入什么数据呢？最简单的就是随机数。所以，这里我们需要先引入"random"模块和"hashlib"模块。

```
from hashlib import md5
from random import random
```

From：从……来

因为我们只需要使用"hashlib"模块中的"md5"函数，所以可以通过"from"关键字从"hashlib"模块中只引入"md5"函数。同理，我们从"random"模块中只引入"random"函数。

以下两句代码也可以完成对模块内容的引用。

```
from hashlib import *
from random import *
```

"*"表示引用模块中的全部内容。当然，如果只使用模块中少量内容，不建议使用"*"进行引入。

引用了需要的模块之后，就可以开始编写"获取卡密"函数了。

```
def 获取卡密():
    随机数 = str(random()).encode("utf-8")
    卡密 = md5(随机数).hexdigest().upper()[8:-8]
    return 卡密
```

5.1.2 读写文件——基于 open

获取的卡密需要保存在文件中。对于文件的读写，可以使用 Python 内置的"open"函数。

```
文件 = open("卡密文件.txt","w",encoding = "utf-8")  # 打开文件
卡密 = 获取卡密()
文件.write(卡密)  # 写入内容到文件流
文件.close()  # 关闭并保存文件
```

Open：打开
Write：写入
Close：关闭

　　通过示例代码，我们就能够创建一个名称为"卡密文件"的文本文档（.txt 文件），并且文档中包含一个 16 位字符的卡密。

　　当我们使用"open"函数时，第 1 个参数是文件的路径名称；第 2 个参数是打开模式，"w"表示写入，写入内容会完全覆盖原有内容，如果文件不存在则创建新文件；第 3 个参数是文件的编码格式。文件打开后会得到文件对象，通过"write"函数能够将新的内容写入文件对象。但是，在文件未关闭前，文件对象存储于内存中，等关闭之后，才会保存到硬盘中。所以，必须使用"close"方法将文件对象关闭。

　　关于"open"函数的具体介绍可以参考官方文档。文档地址为 https://docs.python.org/zh-cn/3.9/library/functions.html#open。

　　为了避免忘记关闭文件对象，可以在"open"函数前添加"with"关键字，这样能够在执行完子语句后自动关闭文件。然后，将打开的文件对象通过"as"关键字关联变量名称。

```
with open("卡密文件.txt", "w", encoding = "utf-8") as 文件:
    for _ in range(50000):
        卡密 = 获取卡密()
        文件.write(卡密 + "\n")   # 写入并换行
```

With: 使用

As: 当作

　　示例代码的"for"语句中使用了下画线"_"代替变量名，这是因为迭代的元素不会在子语句中使用。

　　有了卡密文件之后，我们就可以进行下一步，编写发放卡密的代码。发放卡密意味着需要对卡密文件进行读取。读取同样使用"open"函数，只是第 2 个参数为"r"，"r"表示"read"，也就是只读模式。

　　我们将卡密文件中的所有卡密读取到一个"卡密列表"中，然后在程序中通过位置获取每一个卡密。

　　我们定义一个"读取卡密"的函数，通过"readlines"方法对文件进行读取。"readlines"方法能够返回一个列表，列表的每一个元素就是文件中每一行的内容，也就是一个卡密。

```
def 读取卡密(文件路径):
    with open(文件路径, "r", encoding = "utf-8") as 文件:
        卡密列表 = 文件.readlines()
        return 卡密列表
```

Read: 读

Line: 行

　　然后，再定义一个"发放卡密"函数，参数就是"卡密列表"。

　　在这个函数中，我们获取输入的指令，根据不同的指令执行不同的动作。当执行"提取"指令时，需要根据发放序号打印出当前发放的卡密，并且在发放结束后，递增发放的序号。

```
def 发放卡密(卡密列表):
    序号 = 0
    while True:
        指令 = input("请输入指令:")
        if 指令 == "退出":
            break
        if 指令 == "提取":
            print(f"新的卡密：{卡密列表[序号]}")
            序号 += 1
```

运行示例代码，就能够逐一进行卡密的读取。

```
文件路径 = "卡密文件.txt"
卡密列表 = 读取卡密(文件路径)
发放卡密(卡密列表)
```

但是，示例代码中，在读取卡密的时候，是将卡密文件全部读取出来存入卡密列表。这样处理会将所有卡密数据写入内存，耗费内存资源。比较合理的方法是按需分配，需要一个卡密就只读取一个卡密数据到内存。这样的话，就不能直接把卡密文件通过"readlines"方法进行读取。

5.1.3 编写生成器代码

我们重写一个函数用于读取卡密，名称叫作"卡密生成器"。同样使用"open"函数来打开文件。打开之后，使用"for"语句循环遍历打开的"文件"，把每一次得到的数据（也就是文件的一行内容）通过"yield"关键字返回。因为使用了"yield"关键字，执行函数时不会一次将循环执行完毕，而是每次执行"yield"语句返回数据后将函数挂起，等待下一次开始。

```
def 卡密生成器(文件路径):
    with open(文件路径, "r", encoding = "utf-8") as 文件:
        for 行 in 文件:
            yield 行
```

生成器函数返回的是一个生成器对象，这个生成器对象可以被 Python 内置的"next"函数遍历，也可以调用自身的"__next__"方法逐次生成数据。

使用生成器的话，我们无须再通过变量记录序号。

```
def 发放卡密(生成器):
    while True:
```

```
            指令 = input("请输入指令:")
            if 指令 == "退出":
                break
            if 指令 == "提取":
                print(f"新的卡密：{next(生成器)}") # 也可以写成"生成器.__next__()"


文件路径 = "卡密文件.txt"
生成器 = 卡密生成器(文件路径)
发放卡密(生成器)
```

运行示例代码，能够看到和之前代码同样的效果。

5.1.4　查看代码执行时长——基于 time

生成器真的每次只读取少量数据吗？我们知道，读取数据越多，耗费时间越长。如果使用两种方法各获取一个卡密，对比一下程序的运行时间，就能得到答案。

Python 内置的"time"模块包含获取当前时间数值的函数。

我们在程序运行前记录一个开始时间，程序运行结束时记录一个结束时间，两个时间的差就是程序的运行时间。

```
from time import time   # 引入 time 函数


开始时间 1 = time()
卡密列表 = 读取卡密(文件路径)
print("新的卡密：", 卡密列表[0], end = "")
结束时间 1 = time()
print(f"第 1 种方式运行时间：{结束时间 1 – 开始时间 1}")


开始时间 2 = time()
生成器 = 卡密生成器(文件路径)
print("新的卡密：", next(生成器), end = "")
结束时间 2 = time()
print(f"第 2 种方式运行时间：{结束时间 2 – 开始时间 2}")
```

代码运行之后，结果显而易见。

```
新的卡密： 544C441462EEC98D
第 1 种方式运行时间：0.005983114242553711
新的卡密： 544C441462EEC98D
```

> 第 2 种方式运行时间：0.0

因为数据量比较少，使用生成器读取数据的时间基本可以忽略不计。如果怀疑程序问题，可以多次运行示例代码，偶尔能够看到第 2 种方式的运行时间是一个非常小的小数。

但是，实际上使用生成器逐次读取文件所耗费的总时间，高于使用列表一次读取文件的时间。也就是说，使用列表的方式，除了第一次取出数据的等候时间较长外，之后每一次都会比生成器更快一些。因为使用列表读取文件之后，数据都已写入内存中，每次读取卡密只需要从内存中读取一个列表的元素进行打印。而使用生成器读取卡密，则需要每次将数据先写入内存，再读取出来进行打印。

另外，在生成器函数中，还可以使用"yield from"语句来替代"for"语句。

```
def 卡密生成器(文件路径):
    with open(文件路径, "r", encoding = "utf-8") as 文件:
        yield from 文件
```

"yield from 文件"语句的意思就是从（from）文件遍历生成（yield）。

而且，生成器也支持通过推导式创建。我们知道列表推导式的语句格式为[元素 for 元素 in 可迭代对象]。

生成器推导式的格式，只需要将方括号改成圆括号，即（元素 for 元素 in 可迭代对象）。

```
>>> 可迭代对象 = 1, 2, 3, 4, 5
>>> 生成器 = (元素 for 元素 in 可迭代对象)
>>> 生成器
<generator object <genexpr> at 0x0000015CE0DF1740>
```

Generator：生成器

所以，卡密生成器还可以换一种写法，不再写成函数。

```
卡密生成器 = (行 for 行 in open(文件路径, "r", encoding = "utf-8"))
```

最后，补充一些推导式的知识。

关于推导式，不仅有列表推导式与生成器推导式，还有字典推导式与集合推导式。

```
字典推导式语句格式：{键:值 for 键,值 in 可迭代对象}
集合推导式语句格式：{元素 for 元素 in 可迭代对象}
```

生成器的官方文档地址为 https://docs.python.org/zh-cn/3.9/tutorial/classes.html#generators。

5.2　装饰器

我一直思考如何把装饰器写明白，答案是越简单越好。

5.2.1　甜蜜的语法糖

装饰器被称作一种语法糖（Syntactic Sugar）。语法糖是指某些特殊的语法，这些语法对程序没有影响，但是能够让编程更加快捷，代码的可读性更好，让编写程序的人心里像吃了糖一样甜。

实际上，我们已经用过很多种语法糖。

```
最小值 = 最大值 = 0
变量 1, 变量 2 = 变量 2, 变量 1
变量 1 < 变量 2 < 100
"-" * 35
"小楼" + ", " + "玉树临风" + "!"
列表[6:14]
```

with、yield 以及各种推导式也是语法糖。

5.2.2　装饰器函数的用途

装饰器又是什么样的语法糖呢？

假如，有一个"获取出生日期"函数，能够获取身份证号码中的出生日期。

```
def 获取出生日期(身份证号码):
    出生日期 = 身份证号码[6:14]
    return 出生日期


身份证号码 = "110101199809088069"
出生日期 = 获取出生日期(身份证号码)
print(f"出生日期：{出生日期}")
```

很明显，当前打印出来的出生日期是"19980908"。

接下来，我们的任务是，在不改变已有代码的基础上，让打印出来的出生日期变成"1998 年 09 月 08 日"。

既然要求不能更改原有代码，那就只能添加新代码。新代码应该是修改"获取出生日期"函数返回值格式的函数，称其为"新函数"。

> **提　示** ▶
>
> 新函数的代码添加在旧函数之前。

```
def 新函数(参数):
    旧日期 = 旧函数(参数)
    新日期 = f"{旧日期[:4]}年{旧日期[4:-2]}月{旧日期[-2:]}日"
    return 新日期
```

在示例代码中，"新函数"接收的参数传递给"旧函数"，从而得到"旧函数"的返回值，也就是字符串"19980908"。然后通过切片拼接字符串得到符合格式要求的"新日期"。最后将新日期返回。

但是，这么操作的话，调用的函数名称需要改变，而任务要求不能更改原有代码。

我们可以在新函数的外层再添加一个父级函数"日期装饰器"。也就是说，把新函数嵌入到"日期装饰器"函数之中。"日期装饰器"函数的参数是"旧函数"对象，返回值是"新函数"对象。这个过程就是把"旧函数"作为参数放入装饰器，在"新函数"中执行"旧函数"，并附加装饰操作，最后把"新函数"返回，完成对"旧函数"的替换。

```
def 日期装饰器(旧函数):  # 传入旧函数
    def 新函数(参数):
        旧日期 = 旧函数(参数)  # 执行旧函数，获取旧返回值
        新日期 = f"{旧日期[:4]}年{旧日期[4:-2]}月{旧日期[-2:]}日"  # 附加装饰操作
        return 新日期  # 返回新返回值

    return 新函数  # 返回新函数
```

但是，看上去并没有解决改变原有代码的问题。因为还差一句代码。在旧函数"获取出生日期"的上一行，我们添加一行代码。

```
@日期装饰器
```

如果在一个函数的上一行添加装饰器语句，在通过函数名称调用函数的时候会转为调用装饰器。

到这里，我们就完成了在不改变已有代码的前提下，改变程序运行结果的任务。完整代码如下。

```
def 日期装饰器(旧函数):  # 传入旧函数
    def 新函数(参数):
        旧日期 = 旧函数(参数)  # 执行旧函数，获取旧返回值
        新日期 = f"{旧日期[:4]}年{旧日期[4:-2]}月{旧日期[-2:]}日"  # 附加装饰操作
        return 新日期  # 返回新返回值
    return 新函数  # 返回新函数


@日期装饰器
```

```
def  获取出生日期(身份证号码):
    出生日期 = 身份证号码[6:14]
    return  出生日期



身份证号码 = "110101199809088069"
出生日期 = 获取出生日期(身份证号码)
print(f"出生日期：{出生日期}")
```

5.2.3　日期的处理——基于 datetime

接下来，我们再添加一些内容。

假设已有一个"获取当前日期"函数，也是返回类似于"20080808"格式的字符串。

现在，我们尝试一下，给这个函数添加装饰器是否能够完成改变日期格式的要求。

```
from datetime import datetime


@日期装饰器
def  获取当前日期():
    当前日期 = datetime.now().strftime("%Y%m%d")
    return  当前日期


当前日期 = 获取当前日期()
print(f"当前日期：{当前日期}")
```

示例代码中，引入了"datetime"模块中的"datetime"类，并通过调用"datetime"类的"now"方法获取系统的当前时间对象，再通过时间对象的"strftime"方法将时间对象转换为指定格式"%Y%m%d"的字符串。实际上，我们改变指定格式为"%Y 年%m 月%d 日"就能够实现新的需求。但是，别忘了我们的前提，不改变已有代码。

所以，我们在"获取当前日期"函数的上一行，添加"@日期装饰器"语句。

5.2.4　灵活的参数——收集参数

运行一下程序，就会发现出错了。

```
Traceback (most recent call last):
    File " E:/Book/Python3.X/示例.py ", line 29, in <module>
```

```
        当前日期 = 获取当前日期()
    TypeError: 新函数() missing 1 required positional argument: '参数'
```

类型错误：新函数丢失了一个必需的位置参数。

之前的"获取出生日期"函数有一个位置参数，所以"新函数"也有一个位置参数。但是，"获取当前日期"函数是没有任何参数的，所以，"新函数"没有收到参数，就会发生错误。

有的函数有参数，有的函数没有参数，这是代码中很常见的事情。如何解决这样的问题呢？只需要一个星号"*"就可以了，在很多时候，"*"表示任意个。我们给新函数以及调用的旧函数的参数都加上星号"*"，问题就完美解决。另外，函数可能还有关键字参数，需要把关键字参数一并加上。关键字参数加两个星号"**"就可以了。这样写法的参数，叫作收集参数。

```
    def 日期装饰器(旧函数):
        def 新函数(*位置参数, **关键字参数):
            旧日期 = 旧函数(*位置参数, **关键字参数)
            新日期 = f"{旧日期[:4]}年{旧日期[4:-2]}月{旧日期[-2:]}日"
            return 新日期

        return 新函数
```

使用装饰器，一般是为了避免修改已有代码。比如原有的函数修改难度较大或者可能还会重新使用原函数。

另外，还有一些特殊的装饰器具有特别的用途。

5.2.5　使用内置装饰器——staticmethod/classmethod

我们之前编写过的"身份证验证器"类，需要添加验证时间的信息。那么，我们需要添加一个获取当前时间的函数。

```
    def 获取时间(self):
        import time
        时间对象 = time.localtime()
        当前时间 = time.strftime('%Y 年%m 月%d 日 %H:%M:%S', 时间对象)
        return 当前时间
```

此时运行程序，不会有什么问题。但是，我们能看到，函数的参数"self"并没有在函数中使用，将其删掉。

```
    Traceback (most recent call last):
        File " E:/Book/Python3.X/示例.py ", line 97, in <module>
```

```
主程序()
File " E:/Book/Python3.X/示例.py ", line 89, in  主程序
    时间 = 验证器.获取时间()
TypeError:  获取时间() takes 0 positional arguments but 1 was given
```

类型错误："获取时间"函数没有设定位置参数，但是传入了 1 个位置参数。

其实，我们早就知道，实例方法必须有一个排在首位的参数接收实例对象。那怎么才能不加这个参数，还不出现错误呢？可以使用静态方法装饰器 "@staticmethod"，将实例方法装饰为静态方法。静态方法就是普通的函数，因为写在类的里面，它会被包含在实例对象中，成为实例对象的方法。但是它不需要调用实例对象的属性或方法，不会随着不同的实例对象产生变化，所以它是静态的，称为静态方法。

当我们将一个函数装饰为静态方法之后，它不但可以通过实例对象进行调用，也可以直接通过类对象进行调用，因为它相当于类的函数。

我们可以测试一下。

```
if __name__ == "__main__":
    当前时间 = 身份证验证器.获取时间()  # 无须实例化，直接使用类名调用静态方法
    print(当前时间)
```

由此可以看出，如果想通过类对象直接调用类中的函数，可以将函数装饰为静态方法。但是，如果通过类对象直接调用的函数中，还需要调用类中的其他属性或方法，又怎么处理呢？这时，需要使用类方法装饰器 "@classmethod"。例如，一个"汽车"类，包含一个成员变量"数量"，用来统计"汽车"类被实例化多少次，或者说通过"汽车"类产生了多少个对象。

```
class 汽车:
    实例数量 = 0  # 记录实例对象的数量
```

是否还记得每个类都会包含 "__new__" 方法？

"__new__" 方法用于构造实例对象。也就是说，类的实例对象是通过 "__new__" 方法来产生的。所以，我们可以重写 "__new__" 方法，在创建实例对象的同时，"数量"增加 1。

```
def __new__(类, *args, **kwargs):
    对象 = super().__new__(类)  # 调用超类的 "__new__" 方法构造当前类的对象
    类.实例数量 += 1  # 实例化计数
    return 对象
```

当有新的对象产生，就可以通过 "__init__" 方法进行对象初始化，添加特定的属性。

```
def __init__(对象, 品牌):  # 对象初始化
    对象.品牌 = 品牌  # 添加对象的属性
    print(f"一辆{对象.品牌}汽车生产出来啦！")
```

最后，定义一个"查询数量"的方法。这个方法使用"@classmethod"装饰器进行装饰，以便通过类对象访问类中"数量"属性。

```
@classmethod
def 查询数量(类):
    print("汽车数量: ", 类.实例数量)
```

使用装饰器"@classmethod"所装饰的函数，称作类方法。

类方法的第一个位置参数用来接收类对象，所以和实例方法类似，类方法也至少要有一个位置参数。通过接收到的类对象，就能够访问类的属性与方法。

测试一下编写好的代码。

```
if __name__ == '__main__':
    第一辆汽车 = 汽车("五菱")
    汽车.查询数量()
    第二辆汽车 = 汽车("红旗")
    汽车.查询数量()
    第三辆汽车 = 汽车("比亚迪")
    汽车.查询数量()
```

运行结果如下。

```
一辆五菱汽车生产出来啦!
汽车数量:   1
一辆红旗汽车生产出来啦!
汽车数量:   2
一辆比亚迪汽车生产出来啦!
汽车数量:   3
```

每一次实例化，都能通过类对象查询到正确的数量。

5.3　递归函数

有没有想过在函数中调用函数自身？就像下面这样。

```
>>> def 函数():  # 定义函数
        函数()  # 调用自身


>>> 函数()  # 执行函数
```

运行示例代码会发生错误。

```
Traceback (most recent call last):
  File "<pyshell#4>", line 1, in <module>
    函数()
  File "<pyshell#3>", line 2, in 函数
    函数()
  File "<pyshell#3>", line 2, in 函数
    函数()
  File "<pyshell#3>", line 2, in 函数
    函数()
  [Previous line repeated 1022 more times]
RecursionError: maximum recursion depth exceeded
```

递归错误：超过最大递归深度。

Recursion：递归

Maximum：最大限制

Depth：深度

Exceeded：超过

5.3.1　递归的概念

函数中调用函数自身，称为递归。

在 Python 中，递归次数上限默认是 1000 次左右，代码运行环境不同时，可能存在差异。

一般来说，我们使用递归解决问题时，都不会超出默认上限。实际上，示例代码只有递没有归，如果没有递归上限的限制，它会无限循环调用，直至计算机崩溃。

那什么叫归呢？函数中的"return"语句就叫归。"return"语句相当于结束当前函数，返回结果到上一层函数。

看下面这段"递归累加"函数的代码。

```
def 递归累加(数字 = 0, 限制 = 5, 累加 = 0):
    if 数字 < 限制:  # 如果不是最后一个累加的数字
        当前累加 = 累加 + 数字  # 累加当前数字获得当前累加值
        下一数字 = 数字 + 1  # 计算出下一个需要累加的数字
        print("递入: ", 下一数字, 当前累加)
        内层函数返回值 = 递归累加(下一数字, 限制, 当前累加)  # 将下一个需要累加的数字与当前
累加值以及最大限制传入下一层函数调用
        print("回归: ", 下一数字, 内层函数返回值)
```

```
            return 内层函数返回值  # 将下层函数的返回值继续返回
        else:  # 否则
            return 累加 + 数字  # 返回最终的累加值


    结果 = 递归累加()
    print("累加结果: ", 结果)
```

示例代码的功能是对自然数进行累加，默认从 0（数字）累加到 5（限制）。

5.3.2　递归的过程

通过阅读代码注释，能够知道"递归累加"函数中的代码是对一次累加过程的描述。简单来说，如果当前数字不是受限制的最大自然数，就计算出当前的累加值和下一个自然数，将这两个数值传递到内层"递归累加"函数中再次进行处理，直到当前数字已经是受限制的最大自然数，计算出最终的累加值，并返回到外层"递归累加"函数中，作为外层"递归累加"函数的返回值继续返回。

所以，递归函数的整个运行过程中，先进行"递"的过程，由外至内层层嵌套调用函数自身，同时将数据（参数）传入内层函数，直到符合某种终止条件时，才进行"归"的过程，将数据（返回值）由内至外逐层进行返回。

运行示例代码，结合运行结果，理解递归的过程。

```
    递入: 1 0
    递入: 2 1
    递入: 3 3
    递入: 4 6
    递入: 5 10
    回归: 5 15
    回归: 4 15
    回归: 3 15
    回归: 2 15
    回归: 1 15
    累加结果: 15
```

"递归累加"函数只是为了说明递归的原理。实际上，自然数累加的功能，更适合使用循环语句来实现。

```
    起始 = 0
    终止 = 5
```

```
    累加结果 = 0
    for i in range(起始, 终止 + 1):
        累加结果 += i
    print("累加结果: ", 累加结果)
```

但是，当单纯用循环不能帮助我们解决问题的时候，递归往往会起到至关重要的作用。

5.3.3　用递归解决问题

例如，打印出列表 "[0, [1, 2, [3, 4, 5], 6, [7, 8]], 9]" 中的每一个数字。

可以使用循环。

```
列表 = [0, [1, 2, [3, 4, 5], 6, [7, 8]], 9]
for 第一层元素 in 列表:
    if isinstance(第一层元素, list):  # 判断元素是否为列表
        for 第二层元素 in 第一层元素:
            if isinstance(第二层元素, list):
                for 第三层元素 in 第二层元素:
                    print(第三层元素)
            else:
                print(第二层元素)
    else:
        print(第一层元素)
```

因为列表中嵌套层级是 3 层，所以示例代码中，通过嵌套 3 层 "for" 循环语句，实现任务目标。

第 1 层 "for" 循环遍历的目标是原列表，遍历过程中，通过 Python 内置的 "isinstance" 函数判断遍历到的元素是否为列表类型，如果是列表类型，就进行第 2 层 "for" 循环，否则打印元素。第 2 层 "for" 循环遍历第 1 层嵌套的列表，同样判断遍历到的元素是否为列表类型，并进行相应的处理，直到把所有列表全部遍历完毕。

但是，如果列表又嵌套了一层，变为 "[0, [1, 2, [[3, 4], 5], 6, [7, 8]], 9]"，怎么办？很明显，还要再嵌套一层循环。但是，这样处理的话，每次列表出现层级变化都要修改代码。我们绝对不能写这种一次性的代码。所以，需要通过递归函数来解决这个问题。

```
列表 = [0, [1, 2, [[3, 4], 5], 6, [7, 8]], 9]

def 递归打印列表(列表):
    for 元素 in 列表:
        if isinstance(元素,list):
```

```
                递归打印列表(元素)
        else:
                print(元素)


        递归打印列表(列表)
```

"递归打印列表"函数会先通过"for"循环对列表进行遍历，如果是遍历到的元素是列表，就把这个元素作为参数递给嵌套的函数做同样的处理，直到没有元素为列表，递进完毕，逐层回归。

5.3.4　递归的典型应用

我们再来解决一个问题。例如，有一些评论数据。

```
评论数据 = [
    {"编号": "1", "目标": None, "作者": "小楼", "内容": "今天天气真好！"},
    {"编号": "2", "目标": "1", "作者": "小萌", "内容": "那你还不约我出去玩？"},
    {"编号": "3", "目标": None, "作者": "小白", "内容": "楼上秀恩爱呢！我也想体验一次被人追的感觉。"},
    {"编号": "4", "目标": "2", "作者": "小楼", "内容": "马上来！"},
    {"编号": "5", "目标": "3", "作者": "小黑", "内容": "买东西不给钱就行了。"},
    {"编号": "6", "目标": "5", "作者": "小白", "内容": "你为什么这么黑啊？"},
    {"编号": "7", "目标": "1", "作者": "小天", "内容": "我也要去！"},
    {"编号": "8", "目标": "7", "作者": "小楼", "内容": "来吧！"},
    {"编号": "9", "目标": "6", "作者": "小黑", "内容": "因为我不想白活一辈子。"},
]
```

评论数据中包含主评与回复。每一条评论数据都有一个唯一"编号"。主评是一级评论，所以没有回复目标。回复包含回复"目标"，目标内容是被回复评论的编号，被回复的目标可能是主评或其他回复。除此之外，每一条数据还包含"作者"与发布的文字"内容"。

最终的打印结果如下。

```
小楼：今天天气真好！
    小萌：那你还不约我出去玩？
        小楼：马上来！
    小天：我也要去！
        小楼：来吧！
小白：楼上秀恩爱呢！我也想体验一次被人追的感觉。
    小黑：买东西不给钱就行了。
        小白：你为什么这么黑啊？
            小黑：因为我不想白活一辈子。
```

从打印结果可以看出，主评是第一级内容，回复主评需要向右缩进，回复他人的回复继续向右缩进。这样通过层级来表达每一条发布内容之间的关系。

下面，我们分析解决问题的方案。

首先，定义一个"评论处理"类。

```
class 评论处理:
    主评 = []
    回复 = {}
```

根据评论的类型，定义"主评"和"回复"两个变量。"主评"的赋值是一个空列表，用来存储主评数据。"回复"的赋值是一个空字典，用来存储回复数据。之所以使用字典，是因为我们在整理回复数据时，能够以回复目标的编号为键，再以一个列表为值，将回复目标相同的评论存入同一列表。之后就能够通过评论的编号获取该评论的全部回复。

然后，是用来初始化的"__init__"方法。这个方法需要传入"评论数据"，并将"评论数据"作为实例的属性，以便在其他实例方法中调用。

```
def __init__(self, 评论数据):
    self.评论数据 = 评论数据
```

我们需要将评论按不同类型分开存储，先定义一个"组织评论"方法。在这个方法中，遍历"评论数据"。如果"评论"没有回复目标，将"评论"添加到"主评"列表。否则，以评论目标的编号为键，添加到"回复"字典。

```
def 评论分类(self):
    for 评论 in self.评论数据:  # 遍历全部评论
        回复目标 = 评论['目标']  # 获取回复目标
        if 回复目标 is None:  # 如果没有回复目标
            self.主评.append(评论)  # 添加到主评
        else:  # 否则
            self.回复.setdefault(回复目标, []).append(评论)  # 否则以被回复评论的编号为键将回复消息添加
到值的列表
```

在之前的章节中，我们使用过"setdefault"方法。当字典中没有相同键的元素时，会将参数中的键和值作为新元素添加到字典，并返回新元素。如果已有相同键的元素，则会返回已有的元素。

这就意味着，在示例代码运行时，如果"回复"字典中没有回复目标编号为键的元素，会将回复目标编号和空列表的元素添加到字典，并且返回这个元素，然后继续通过"append"方法将"评论"添加到空列表中。如果"回复"字典中已经存在以回复目标编号为键的元素，则会返回这个元素，并将"评论"添加到之前已经存在的列表中。

当完成"评论数据"的分类之后，我们需要考虑如何打印评论。定义一个"打印评论"函数。

```
def 打印评论(self, 评论, 缩进 = ""):
    print(f"{缩进}{评论['作者']}:{评论['内容']}")   # 打印评论内容
    缩进 += "    "   # 为回复添加 4 个空格的缩进量
    try:
        回复列表 = self.回复[评论["编号"]]   # 根据评论的编号获取对应的回复列表
        for 回复 in 回复列表:   # 遍历找到的回复列表
            self.打印评论(回复, 缩进)   # 递归进行下一级回复的处理
    except KeyError:   # 没有回复时会出现键异常
        ...   # 不作处理
```

打印评论时，可能需要缩进。所以函数的参数包括"评论"和"缩进"。第一个打印的是"主评"，此时不需要缩进，所以"缩进"参数需要设置默认值。打印的每一条评论，都是由"缩进""作者"":"以及"内容"组成，我们使用"F-String"格式化字符串。"主评"之后"回复"内容，每一级需要添加 4 个空格的缩进。每条评论的回复都是一个列表，可以通过评论的编号，在"回复"字典中获取。获取到的回复列表同样需要遍历进行打印操作，因为回复的层级不能确定，需要通过递归的方式进行处理。如果"评论"没有回复，通过评论编号从字典中获取回复时会发生键异常，导致程序中断，所以，可以通过"try...except KeyError"语句对异常进行捕捉，捕捉到异常时不做处理，直接略过。

最后，我们还需要定义一个"发布评论"函数。在这个函数中，我们先调用"评论分类"函数进行评论分类，再对"主评"进行遍历，调用"打印评论"函数进行"主评"以及相关回复的打印操作。

```
def 发布评论(self):

    self.评论分类()
    for 评论 in self.主评:   # 遍历顶级评论
        self.打印评论(评论)            # 调用递归函数进行多级遍历
```

当完成"评论处理"类的代码后，我们测试代码是否正常运行。

```
if __name__ == '__main__':
    评论数据 = [...]   # 此处省略评论数据内容
    评论处理(评论数据).发布评论()   # 实例化并调用实例方法
```

第6章
编写一个 Python 应用——计算器

这一章，我们一起用 Python 编写一个简单的计算器程序。通过这个计算器程序，可以让我们更加牢固地掌握 Python 基础，进一步提升编程技巧。

6.1　实现计算器的基本运算功能

Python 代码通过 Python 解释器执行，那么，Python 解释器的工作原理是怎样的呢？

计算器程序实际上就是一个数学算式的解释器。所以，通过编写代码对算式进行运算，能够非常直观地了解解释器的工作原理。

6.1.1　支持个位数加法

准确地说，我们要编写的计算器是一个正数计算器，也就是不支持负数计算功能。

第一个目标：完成两个个位数的加法计算。

两个个位数的加法算式类似于"1+2"。"1+2"是一个比较具体的算式，抽象一点儿表达就是"整数加号整数"。由此，我们可以得出两个个位数的加法算式由"整数"和"加法运算符"组成，"整数"是算式的基本元素。另外，算式在第二个整数之后结束，还包括一个看不见的"结束符"类型。

这三种类型是固定的常量，先写在程序的开始。

```
_整数, _加法, _结束 = "整数", "加法", "结束"
```

在算式中，这三种类型都会有具体的值。

我们使用面向对象的编程思想进行编程时，一个算式实际上是由 4 个数据对象组成。包括两个整数对象、一个运算符对象以及一个结束符对象。每一个对象都可以看作一个"记号"，这个记号包含类型与值。所以，我们定义一个"记号"类，以便产生"记号"的实例对象。

```
class 记号:
    def __init__(self, 类型, 值):
        self.类型 = 类型
        self.值 = 值
```

计算器需要将算式分解为多个记号对象，然后进行计算。这和 Python 解释器将我们编写的代码分解为记号并进行解释，从根本上来说是一样的。所以，实际上我们是在写加法算式这种"语言"的解释器。

这个加法算式的解释器需要哪些功能呢？

1）算式不符合规范时需要报错。

2）需要将算式分解为记号。

3）需要根据算式的规则验证每一个记号，验证记号是否和某个位置要求的类型相匹配，如加号的位置不能是整数类型的记号。

4）所有记号通过验证时，进行计算，返回结果。

根据分解出来的功能，我们编写"解释器"类，逐步完成各个实例方法。"解释器"对象需要接收"算式"进行解释，解释过程中需要分析算式中每一个字符，需要记录读取"位置"，并且，在解释过程中每产生一个记号，都要记录"当前记号"，以便对"当前记号"进行验证保存。所以，在初始化"解释器"对象时，应该包含"算式""位置"以及"当前记号"这些属性。

```
class 解释器:
    def __init__(self, 算式):
        self.算式 = 算式
        self.位置 = 0
        self.当前记号 = None
```

若输入的算式不符合规则，需要给出错误提示。

定义一个"错误"方法，通过"raise"语句抛出一个"Exception"对象。

```
def 错误(self):
    raise Exception(f"错误：输入内容"{self.算式}"不符合规范！")
```

Raise：引起

Exception：异常

我们需要从算式中获取每一个记号，定义一个"获取下个记号"方法。"获取下个记号"方法会逐个读取算式中的字符，并判断字符的类型，返回相应的记号。当读取结束时，返回结束类型的记号。而字符不符合任何记号类型时（如字母），将调用"错误"方法。

```python
def 获取下个记号(self):
    if self.位置 >= len(self.算式):  # 如果读取位置超出算式长度
        return 记号(_结束, None)  # 返回结束类型的记号
    字符 = self.算式[self.位置]  # 根据读取位置获取字符
    if 字符.isdigit():  # 如果字符是整数
        self.位置 += 1  # 移动读取位置
        return 记号(_整数, int(字符))  # 返回整数类型的记号
    if 字符 == "+":  # 如果字符是加号
        self.位置 += 1  # 移动读取位置
        return 记号(_加法, 字符)  # 返回加法类型的记号
    self.错误()  # 没有获取到记号时提示错误
```

有效算式的规则是"整数加号整数"，意味着需要进行 3 次记号的获取，并且每次获取的记号都要符合规则，即第 1 次和第 3 次取得的记号是整数类型，第 2 次取得的记号是加法类型。这就需要一个"验证"方法，如果记号通过验证，则继续获取下一个记号，否则抛出"错误"。

```python
def 验证(self, 类型):
    if self.当前记号.类型 == 类型:
        self.当前记号 = self.获取下个记号()
    else:
        self.错误()
```

示例代码中，调用了对象的"当前记号"属性。这个属性是什么时候赋值的呢？

其实，"验证"方法是计算过程中抽象出来的一个方法。因为每获取一个记号都需要验证类型，并且验证通过后都需要获取下一个记号，验证不通过时都要抛出错误，所以将这一部分代码抽离出来，独立成一个方法。

"验证"方法是从"计算"方法中抽离出来的，所以在"计算"方法中会调用"验证方法"。

```python
def 计算(self):
    self.当前记号 = self.获取下个记号()  # 获取第 1 个记号
    左侧项 = self.当前记号  # 第 1 个记号存入变量
    self.验证(_整数)  # 验证第 1 个记号为整数类型
    运算项 = self.当前记号  # 第 2 个记号存入变量
    self.验证(_加法)  # 验证第 2 个记号为加法类型
    右侧项 = self.当前记号  # 第 3 个记号存入变量
    self.验证(_整数)  # 验证第 3 个记号为整数类型
    计算结果 = 左侧项.值 + 右侧项.值  # 记号都通过验证时进行加法计算
```

```
        return 计算结果  # 返回计算结果
```

到这里，"解释器"类所有的代码都已经完成。

我们编写一个主程序，验证这些功能代码是否能够完成算式的计算。

```
    def 主程序():
        while True:  # 循环执行
            输入内容 = input('>>')  # 获取输入内容
            if 输入内容 == "退出":  # 输入 "退出" 时结束程序
                break
            if 输入内容 != "":  # 如果输入内容不为空
                try:  # 捕捉异常
                    计算器 = 解释器(输入内容)  # 实例化解释器
                    计算结果 = 计算器.计算()  # 调用计算方法
                    print(f"{输入内容} = {计算结果}")  # 打印计算结果
                except Exception as 异常:  # 捕捉到的异常存入变量
                    print(异常)  # 打印异常消息
```

最后，运行主程序。

```
    if __name__ == '__main__':
        主程序()
```

在阅读下一节内容之前，先思考一下，如何给计算器添加减法功能呢？

6.1.2 支持个位数减法

一个计算器不能仅仅支持加法，至少还要支持减法。如果同时支持加减法，我们的算式就变成了"整数（加号|减号）整数"。这也意味着，记号增加了一种"_减法"类型。

```
    _整数, _加法, _减法, _结束 = "整数", "加法", "减法", "结束"
```

并且，每次获取记号时，如果字符是减号（ - ），也需要类型验证。参考对加法的处理，代码如下。

```
    if 字符 == "-":  # 如果字符是减号
        self.位置 += 1  # 移动读取位置
        return 记号(_减法, 字符)  # 返回减法类型的记号
```

但是，先别急着加这段代码。想一想，之后还有支持乘法、除法的需求，每一个需求都加这些代码，有些重复。为了避免重复，就要想办法让这三行代码变得通用。我是这么思考的。不管加号还是减号，都是运算类型的一种，那就在程序的开始创建一个"运算类型"的字典。

```
_运算类型 = {"+": _加法, "-": _减法}
```

然后，只要字符是运算符号，就会包含在"运算类型"中。通过运算符号就能从字典中获取对应的类型。

新的代码如下。

```
def 获取下个记号(self):
    if self.位置 >= len(self.算式):
        return 记号(_结束, None)
    字符 = self.算式[self.位置]
    if 字符.isdigit():
        self.位置 += 1
        return 记号(_整数, int(字符))
    if 字符 in _运算类型:  # 第 1 行：判断字符是运算类型之一
        self.位置 += 1  # 第 2 行：移动读取位置
        return 记号(_运算类型[字符], 字符)  # 第 3 行：以字符为键从字典中取出对应的类型
    self.错误()
```

最后，我们还要修改"计算"方法，根据不同的运算类型进行相应的计算。

```
def 计算(self):
    self.当前记号 = self.获取下个记号()
    左侧项 = self.当前记号
    self.验证(_整数)
    运算项 = self.当前记号
    self.验证(_运算类型[运算项.值])
    右侧项 = self.当前记号
    self.验证(_整数)
    if 运算项.类型 is _加法:  # 判断运算类型
        计算结果 = 左侧项.值 + 右侧项.值
    if 运算项.类型 is _减法:  # 判断运算类型
        计算结果 = 左侧项.值 - 右侧项.值
    return 计算结果
```

6.1.3　支持带空格的算式

Python 的 Shell 模式中，输入的算式带有空格也能够进行计算，如"1 +2 "。

```
>>> 1  +2
3
```

如何让我们的计算器也支持这样的计算？

之前的代码中，每次获取的字符都是一个记号，而现在可能获取的字符是一个空格。空格不是记号，所以需要新增一个"获取下个字符"方法。在"__init__"方法中，也需要增加一个"当前字符"属性，用于存放每次读取到的字符。"当前字符"的初始值是"算式"的第 1 个字符。

```
self.当前字符 = self.算式[0]
```

"获取下个字符"方法需要返回每次读取的字符，直到读取位置超过"算式"长度时，返回"None"值。

```
def 获取下个字符(self):
    self.位置 += 1   # 移动读取位置
    if self.位置 >= len(self.算式):   # 如果位置超过算式长度
        self.当前字符 = None   # 存入 None 值
    else:
        self.当前字符 = self.算式[self.位置]   # 存入字符
```

在读取字符的过程中，如果遇到空格怎么办？肯定需要一个"跳过空格"的方法。如果字符是空格，就进行下一次读取。因为空格数量不固定，所以使用循环处理。

```
def 跳过空格(self):
    while self.当前字符 is not None and self.当前字符.isspace():   # 如果字符不是 None 值并且字符是空格
        self.获取下个字符()
```

Space: 空格

示例代码中，循环的条件看上去很累赘。是否可以直接用"isspace"方法判断字符是不是空格？答案是不行。因为获取字符时会出现"None"值，而"None"类型没有"isspace"方法，就会导致程序异常，产生中断。新增的"获取下个字符"与"跳过空格"方法，都是为了正确获取记号。因为空格和字符数量都无法预知，"获取下个记号"方法中，需要通过循环进行记号的获取，如果获取的字符是空格就交给"跳过空格"的方法进行处理，如果是整数就返回整数类型的记号，如果是运算符就返回运算类型的记号。需要注意，获取记号之后，要先获取下一个字符，再返回记号。

```
def 获取下个记号(self):
    while self.当前字符 is not None:   # 如果没有到达算式末尾
        if self.当前字符.isspace():   # 如果字符是空格
            self.跳过空格()
            continue   # 跳过空格后继续执行
        if self.当前字符.isdigit():   # 如果字符是整数
            整数记号 = 记号(_整数, int(self.当前字符))   # 创建整数记号
            self.获取下个字符()   # 获取下个字符继续读取算式
```

```
            return 整数记号  # 返回整数记号
        if self.当前字符 in _运算类型:  # 如果字符是运算符之一
            运算记号 = 记号(_运算类型[self.当前字符], self.当前字符)  # 创建运算记号
            self.获取下个字符()  # 获取下个字符继续读取算式
            return 运算记号  # 返回运算记号
        self.错误()  # 字符非 None 值且不是整数或运算符时提示错误
        return 记号(_结束, None)  # 到达算式末尾返回结束记号
```

经过更新代码，我们的计算器就能够识别并处理算式中的空格了。

6.1.4　支持多位数计算

如果计算器只支持个位数加减运算，根本没有什么实际用途。所以，需要让计算器支持更多位数的计算。想一想，多位数的判断逻辑是什么？如果读取到的字符是整数，那就暂存这个字符，并读取下一个字符，如果下一个字符还是整数，就和暂存的字符相连。直到读取到的字符不再是整数时，把暂存的数字转化为记号。

新增一个"拼接数字"方法。

```
    def 拼接数字(self):
        数字 = ""
        while self.当前字符 is not None and self.当前字符.isdigit():  # 如果字符不是 None 值并且是整数
            数字 += self.当前字符  # 原有数字连接当前字符
            self.获取下个字符()  # 获取下个字符继续读取算式
        return int(数字)  # 转换为整数类型并返回
```

在获取记号时，如果"当前字符"是整数，就需要调用"拼接数字"方法来获取完整的数字。

```
    def 获取下个记号(self):
        ...省略其他代码...
            if self.当前字符.isdigit():
                #整数记号 = 记号(_整数, int(self.当前字符))  # 删除的语句
                # self.获取下个字符()  # 删除的语句
                # return 整数记号  # 删除的语句
                return 记号(_整数, self.拼接数字())  # 新增的语句
        ...省略其他代码...
```

因为在"拼接数字"方法中，拼接完毕后会继续获取下一个字符，所以在"获取下个记号"方法中，就不需要再次获取。

经过更新代码，我们的计算器就能够支持多位数的计算了。

6.1.5 支持加减混合计算

我们需要面对类似"10+3-6"或"9-3-6+5"的计算题。所以计算器需要支持这样的加减混合运算。那么，如何才能让计算器支持多个数字的混合运算呢？

加减法单次运算图如图 6-1 所示。

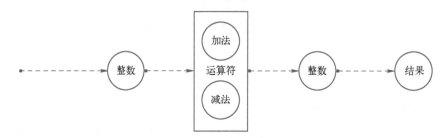

图 6-1　加减法单次运算图

这是目前计算器能做的事情。

每次运行程序，都会先找到一个整数，再找到一个运算符，然后找到一个整数，从而计算出结果。例如，计算"1+2"。

但是，现在我们需要计算"10+3-6"，是什么样的过程呢？加减法混合运算图如图 6-2 所示。

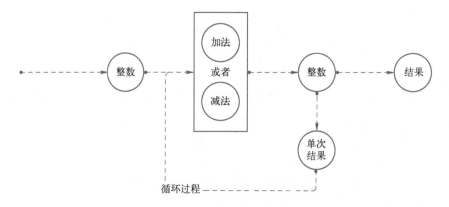

图 6-2　加减法混合运算图

与单次的加减法算式不同，程序在完成一次计算之后，会继续找到下一个运算符，再找到一个整数，与上一次的计算结果进行新的计算，直到找不到新的运算符，返回最终计算结果。

用文字来表示一下，星号"*"表示前面相邻的部分循环执行。

单次算式：整数（加号|减号）整数
混合算式：整数（（加号|减号）整数）*

在运算过程中，每一个整数记号都需要验证，并取出记号的值进行计算，这一块操作可以独立为一个"操作数"方法。

```python
def 操作数(self):
    记号 = self.当前记号
    self.验证(_整数)
    return 记号.值
```

因为需要进行循环计算，我们要修改"计算"方法。

首先，定义一个"计算结果"变量，赋值为第一个操作数。

接下来，就是循环的过程。只要记号类型是某种运算类型，就对运算类型进行判断，并获取新的操作数与已有的计算结果进行计算。否则，就结束计算，返回计算结果。

```python
def 计算(self):
    self.当前记号 = self.获取下个记号()
    计算结果 = self.操作数()  # 获取第一个整数
    while self.当前记号.类型 in _运算类型.values():  # 如果记号是运算类型就继续进行计算
        if self.当前记号.类型 is _加法:  # 如果运算类型为加法
            self.验证(_加法)
            计算结果 += self.操作数()  # 获取新的整数与前一结果相加
        elif self.当前记号.类型 is _减法:  # 否则判断运算类型为减法
            self.验证(_减法)
            计算结果 -= self.操作数()  # 获取新的整数与前一结果相减
    return 计算结果
```

到这里，我们的计算器已经能够进行多个数字的加减法混合运算了。

在进行下一次代码升级之前，查看一下当前完整的"解释器"代码。

```python
class 解释器:
    def __init__(self, 算式):
        self.算式 = 算式
        self.位置 = 0
        self.当前记号 = None
        self.当前字符 = self.算式[0]

    def 错误(self):
        raise Exception(f"错误：输入内容"{self.算式}"不符合规范！")

    def 获取下个字符(self):
        self.位置 += 1
```

```
            if self.位置 >= len(self.算式):
                self.当前字符 = None
            else:
                self.当前字符 = self.算式[self.位置]

    def 跳过空格(self):
        while self.当前字符 is not None and self.当前字符.isspace():
            self.获取下个字符()

    def 拼接数字(self):
        数字 = ""
        while self.当前字符 is not None and self.当前字符.isdigit():
            数字 += self.当前字符
            self.获取下个字符()
        return int(数字)

    def 获取下个记号(self):
        while self.当前字符 is not None:
            if self.当前字符.isspace():
                self.跳过空格()
                continue
            if self.当前字符.isdigit():
                return 记号(_整数, self.拼接数字())
            if self.当前字符 in _运算类型:
                运算记号 = 记号(_运算类型[self.当前字符], self.当前字符)
                self.获取下个字符()
                return 运算记号
            self.错误()
        return 记号(_结束, None)

    def 验证(self, 类型):
        if self.当前记号.类型 == 类型:
            self.当前记号 = self.获取下个记号()
        else:
            self.错误()

    def 操作数(self):
        记号 = self.当前记号
```

```
            self.验证(_整数)
            return 记号.值


    def 计算(self):
        self.当前记号 = self.获取下个记号()
        计算结果 = self.操作数()
        while self.当前记号.类型 in _运算类型.values():
            if self.当前记号.类型 is _加法:
                self.验证(_加法)
                计算结果 += self.操作数()
            elif self.当前记号.类型 is _减法:
                self.验证(_减法)
                计算结果 -= self.操作数()
        return 计算结果
```

6.1.6　支持乘除法计算

有没有思考过如果算式中包含乘除法怎么处理呢？

在还没有想清楚之前，我们先把符号类型加上。

```
_整数,_加法,_减法,_乘法,_除法,_结束 = "整数","加法","减法","乘法","除法","结束"
_运算类型 = {"+": _加法, "-": _减法, "*": _乘法, "/": _除法}
```

然后，我们分析一下包含乘除法的算式。例如，"10+6/2-3*4+9"。这个算式需要先算哪个部分，后算哪个部分？我们都知道，要先算乘除，后算加减。也就是说，要先计算算式中的"6/2"和"3*4"，然后计算"10+3-12+9"。

还有，"6/2"和"3*4"先计算哪一部分？乘除法的计算优先级是一样的，在算式中可以按照从左至右的顺序进行计算。那么，如何先完成算式中的乘除法计算呢？

现在，算式的规则变得更加复杂。

```
乘除算式: 整数（（乘号|除号）整数）*
混合算式: 乘除算式（（加号|减号）乘除算式）*
```

我们能够看到，在混合运算中，包含了乘除运算。在甲函数中调用乙函数的话，会先完成乙函数的运算，再进行甲函数的运算。

当前，"计算"方法是加减法计算的功能。根据算式的规则，我们可以再定义一个"乘除计算"方法，单独进行乘除计算，然后再修改"计算"方法，在方法中调用"乘除计算"方法。这样，在程序运行时，就会先完成乘除计算，再完成加减计算。

```
def 乘除计算(self):
1       计算结果 = self.操作数()
2       while self.当前记号.类型 in (_乘法, _除法):  # 如果记号是乘除法类型进行循环计算
3           if self.当前记号.类型 is _乘法:  # 如果记号是乘法类型
4               self.验证(_乘法)
5               计算结果 *= self.操作数()  # 进行乘法计算
6           elif self.当前记号.类型 is _除法:  # 如果记号是除法类型
7               self.验证(_除法)
8               计算结果 /= self.操作数()  # 进行除法计算
9       return 计算结果


def 计算(self):
A       self.当前记号 = self.获取下个记号()
B       计算结果 = self.乘除计算()  # 首先进行乘除计算，如果记号不是乘除法类型则会得到第一个操作数
C       while self.当前记号.类型 in (_加法, _减法):  # 如果记号是加减法类型进行循环计算
D           if self.当前记号.类型 is _加法:  # 如果记号是加法类型
E               self.验证(_加法)
F               计算结果 += self.乘除计算()  # 对加号之后的算式进行乘除计算，如果不是乘除法类型
则得到新的操作数
G           elif self.当前记号.类型 is _减法:  # 如果记号是减法类型
H               self.验证(_减法)
I               计算结果 -= self.乘除计算()  # 对减号之后的算式进行乘除计算，如果不是乘除法类型
则得到新的操作数
J       return 计算结果
```

如果通过示例代码的注释还是不能明白工作原理的话，可以通过模拟算式"10+6/2-3*4+9"的计算过程来理解。"乘除计算"方法的子语句使用数字进行编号，"计算"方法的子语句使用字母编号。

程序的运行过程以及相关数值如下。

```
↓A   # 记号 = (_整数,10)
↓B  → 1 → 2 → 9  # 计算结果 = 10
↓C   # 记号 = (_加法, "+")
↓D
↓E
↓F  → 1 → 2 → 3 → 6 → 7 → 8 → 9  # 计算结果 = 10+3 = 13
↓C   # 记号 = (_减法, "-")
↓D
↓G
↓H
```

```
↓I → 1 → 2 → 3 → 4 → 5 → 9  # 计算结果 = 13−12 = 1
↓C  # 记号 = (_加法, "+")
↓D
↓E
↓F → 1 → 9  # 计算结果 = 1+9 = 10
↓C  # 记号 = (_结束, None)
↓J
```

到这里，我们的计算器就能够支持乘除法的计算了。

6.1.7　支持带括号的算式

这里有一个新的算式"(10+(15/(1+6/3)))*4−20/(16/(3+1))"。想一想，新的算式规则是怎样的？

新的算式中包含了括号，并且括号不仅仅一层，还有嵌套。括号中包含的是完整的算式，可以是混合运算的算式。

如果想完成整个算式的计算，需要先从算式中寻找括号，找到之后，再从括号内的算式中寻找下一层括号，直到找不到新的括号时，对最深一层括号中的算式进行计算，再将计算结果与上一层的其他内容组成新的算式进行计算，获得的计算结果继续与上一层内容组成新的算式，直到没有括号存在，才会将最终组成的算式计算出最终的结果。

这个过程是不是递归？

我们知道需要先计算括号中的部分，计算结果再与括号上层的其他内容形成新的算式。所以，括号内容可以看作一个整体，像整数一样，是算式的基本元素。

```
基本元素：整数 |（左括号混合算式右括号）
乘除算式：基本元素（（乘号|除号）基本元素）*
混合算式：乘除算式（（加号|减号）乘除算式）*
```

新的算式规则中，基本元素包含混合算式，混合算式包含乘除算式，乘除算式包含基本元素，形成了互相调用的结构，表现出了递归的特征。

既然有了新的算式规则，我们就依此来编写新的代码。

首先，符号类型中新增了左括号和右括号。

```
_整数, _加法, _减法, _乘法, _除法, _左括号, _右括号, _结束 = "整数", "加法", "减法", "乘法", "除法", "左括号", "右括号", "结束"
```

然后，根据新的算式规则，"计算"方法会被"操作数"方法调用，所以需要删除"计算"方法的第一句代码。

```
def 计算(self):
```

```
        # self.当前记号 = self.获取下个记号()  # 删除这句代码
        ...省略其他代码...
```

把获取第 1 个记号的代码改写在 "__init__" 方法中。

```
    def __init__(self, 算式):
        self.算式 = 算式
        self.位置 = 0
        self.当前字符 = self.算式[0]
        self.当前记号 = self.获取下个记号()  # 初始化时获取第 1 个记号
```

接下来，"获取下个记号" 方法中，需要支持获取 "_左括号" 和 "_右括号" 类型的记号。

```
    def 获取下个记号(self):
        while self.当前字符 is not None:
            if self.当前字符.isspace():
                self.跳过空格()
                continue
            if self.当前字符 == "(":
                self.获取下个字符()
                return 记号(_左括号, "(")
            if self.当前字符 == ")":
                self.获取下个字符()
                return 记号(_右括号, ")")
        ...省略其他代码...
```

最后，在 "操作数" 方法中添加获取括号部分计算结果的代码。

```
    def 操作数(self):
        记号 = self.当前记号
        if 记号.类型 is _整数:  # 如果记号类型是整数
            self.验证(_整数)
            return 记号.值  # 返回记号的值
        elif 记号.类型 is _左括号:  # 如果记号类型是左括号
            self.验证(_左括号)
            括号计算结果 = self.计算()  # 计算括号中的算式
            self.验证(_右括号)
            return 括号计算结果  # 返回括号中算式的计算结果
        return self.错误()  # 记号不是整数或左括号类型时提示错误
```

到这里，我们的计算器就能够支持对带有括号的算式进行计算了。

```
>>(10+(15/(1+6/3)))*4-20/(16/(3+1))
(10+(15/(1+6/3)))*4-20/(16/(3+1)) = 55.0
```

结果是"55.0"，应该显示"55"才更好一些。很明显，这需要将浮点数类型转为整数类型。"int"函数就能解决这个问题，它能只保留浮点数的整数部分。但是，并不是所有结果都需要转为整数类型，如算式"10/4"的结果就不需要。所以，还需要判断一下，转为整数类型之后是否和原来的数字相等。

在"计算"方法的末尾，添加一些新的代码。

```
def 计算(self):
    ...省略其他代码...
    if (整数结果 := int(计算结果)) == 计算结果:  # 如果转换类型之后和原数字相等
        计算结果 = 整数结果  # 计算结果赋值为转换之后的整数
    return 计算结果
```

示例代码的"if"语句中，关系运算符" == "的左侧是一个赋值语句"(整数结果 := int(计算结果))"。这个语句中": = "叫作海象运算符，冒号是海象的眼睛，等号是海象的牙齿。

海象运算符的作用是在条件语句中给新定义的变量赋值，就像示例代码中，先通过海象运算符将"int(计算结果)"的值赋给变量"整数结果"，再对"整数结果"与"计算结果"进行比较，如果相等，则在子语句中用"整数结果"的值替换"计算结果"的原有赋值。注意，条件语句中定义的变量，只能在子语句中调用。

6.1.8　支持小数计算

如果想让计算器程序支持小数计算，首先要改变"_整数"记号类型。

因为，无论整数还是小数都是数字类型，所以，我们把记号类型中的"_整数"记号类型改为"_数字"。

```
_数字, _加法, _减法, _乘法, _除法, _左括号, _右括号, _结束 = "数字", "加法", "减法", "乘法", "除法", "左括号", "右括号", "结束"
```

不要忘记同步修改使用"_整数"类型的语句。

```
def 操作数(self):
    记号 = self.当前记号
    if 记号.类型 is _数字:  # 将整数类型修改为数字类型
        self.验证(_数字)  # 将整数类型修改为数字类型
        return 记号.值
    ...省略其他代码...
```

然后，在"获取下个记号"方法中，如果"当前字符"是小数点"."也要进行"数字拼接"。

```
def 获取下个记号(self):
```

```
            while self.当前字符 is not None:
                ...省略其他代码...
                # if self.当前字符.isdigit():   # 被替换的代码
                    # return 记号(_整数, self.拼接数字())  # 被替换的代码
                if self.当前字符.isdigit() or self.当前字符 == ".":  # 添加对小数点的支持
                    return 记号(_数字, self.拼接数字())  # 将整数类型修改为数字类型
                ...省略其他代码...
            return 记号(_结束, None)
```

最后，在"拼接数字"方法中，对小数进行格式验证。小数需要符合三种条件。

1）第一个字符不能是小数点。

2）只能有一个小数点。

3）最后一个字符不能是小数点。

如果不符合任意一个条件，都需要给出错误提示。

```
    def 拼接数字(self):
        数字 = ""
        if self.当前字符 == ".":  # 如果第一个字符是小数点
            self.错误()
        while self.当前字符 is not None and (self.当前字符.isdigit() or self.当前字符 == "."):  # 字符是整数
或小数点时进行拼接
            数字 += self.当前字符
            if 数字.count(".") > 1:  # 如果小数点数量超过 1 个
                self.错误()
            self.获取下个字符()
        if 数字[-1] == ".":  # 如果最后一个字符是小数点
            self.错误()
        return float(数字)  # 返回小数类型的数字
```

Count: 计数

到这里，我们的计算器就能够支持小数计算了。

6.2 词法分析与语法分析

到此为止，看一下我们写的解释器都包含哪些方法吧。

```
    class 解释器:
        def __init__(self, 算式): ...
        def 错误(self): ...
```

```
        def 获取下个字符(self): ...
        def 跳过空格(self): ...
        def 拼接数字(self): ...
        def 获取下个记号(self): ...
        def 验证(self, 类型): ...
        def 操作数(self): ...
        def 乘除计算(self): ...
        def 计算(self): ...
```

在这些方法中，"错误""获取下个字符""跳过空格"以及"拼接数字"都被"获取下个记号"方法所调用。而"获取下个记号"方法是为了将算式分解为一个一个的记号，就像把一句话分解为一个一个的词语。所以，这些方法所组成的功能叫作词法分析器（Lexical Analyzer，Lexer），也可以叫作扫描器（Scanner）或者分词器（Tokenizer）。

所以，这些方法可以独立为一个"词法分析器"类，实例化后传入解释器中调用。

```
    class 词法分析器:
        def __init__(self, 算式):
            self.算式 = 算式
            self.位置 = 0
            self.当前字符 = self.算式[0]
            # 删除不需要的属性"self.当前记号"

        def 错误(self): ...
        def 获取下个字符(self): ...
        def 跳过空格(self): ...
        def 拼接数字(self): ...
        def 获取下个记号(self): ...
```

而剩余的方法中，"验证""操作数"以及"乘除计算"方法都是被"计算"方法所调用。"计算"方法实际上兼备语法分析（Parsing）与解释（Interpreting）功能。

语法分析是指从分词器逐个获取的记号，验证获取到的记号是否符合某种语法（如整数 加法 整数），也就是能够组成某一种算式。当经过语法分析得到某种算式，解释功能就计算出这段算式的结果并返回。

```
    class 解释器:
        def __init__(self, 词法分析器):
            self.分词器 = 词法分析器
            self.当前记号 = self.分词器.获取下个记号()
```

```
            def 验证(self, 类型):
                ...省略其他代码...
                else:
                    self.分词器.错误()

            def 操作数(self):
                ...省略其他代码...
                return self.分词器.错误()

            def 乘除计算(self): ...
            def 计算(self): ...
```

经过以上修改，在"主程序"函数中，就可以将"词法分析器"对象传入"解释器"对象中进行调用。

```
        def 主程序():
            ...省略其他代码...
                    try:
                        分词器 = 词法分析器(输入内容)
                        计算器 = 解释器(分词器)
                        ...省略其他代码...
```

最后，简单说一下什么是语法。其实，我们之前看到的算式规则是采用上下文无关文法定义的语法规则。只是为了便于阅读理解，我颠倒了规则的顺序，并在"基本元素"规则中添加了一对括号。实际上它应该是如下形式。

```
        混合算式：乘除算式（（加号|减号）乘除算式）*
        乘除算式：基本元素（（乘号|除号）基本元素）*
        基本元素：整数|左括号混合算式右括号
```

我们能够看到，这 3 条规则由上至下是包含的关系，直至不能再进行分解。

每一条规则中，冒号的左侧（规则的名称）都是非终结符，因为它能够被分解。而"基本元素"规则中的"整数"是终结符，它不能被分解。

所以，每条规则都是由冒号左边的头（非终结符）和冒号右边的主体（多个终结符或非终结符）组成。

在 Python 官方文档中，也能够看到关于 Python 的词法和语法，这些词法和语法采用改进的巴科斯范式（Backus-Naur Form，BNF）进行描述，也是上下文无关文法。

● "∷ = "是定义符号，表示左侧的非终结符被定义为右侧的规则。
● 双引号中的字符代表字符本身。

- 双引号外的字符代表语法部分。
- "*" 表示前一项重复零次、一次或多次。
- "+" 表示前一项重复一次或多次。
- "()" 用于分组。
- "[]" 中的内容为可选项，允许出现零次或一次。
- "|" 分隔多个可选项。
- "<>" 中的内容是对所定义符号的非正式描述。
- "..." 用于表示区间，如 "0...9" 表示 0～9 中所有的数字。

例如，整数的词法。

integer	:: =	decinteger | bininteger | octinteger | hexinteger
decinteger	:: =	nonzerodigit (["_"] digit)* | "0"+ (["_"] "0")*
bininteger	: =	"0" ("b" | "B") (["_"] bindigit)+
octinteger	:: =	"0" ("o" | "O") (["_"] octdigit)+
hexinteger	:: =	"0" ("x" | "X") (["_"] hexdigit)+
nonzerodigit	:: =	"1"..."9"
digit	:: =	"0"..."9"
bindigit	:: =	"0" | "1"
octdigit	:: =	"0"..."7"
hexdigit	:: =	digit | "a"..."f" | "A"..."F"

从上往下开始看。

注意，以下所说的整数都是个位整数。

第 1 句是整数的定义，它可以是二进制整数、八进制整数、十进制整数以及十六进制整数之一。

第 2 句是十进制整数的定义，它包含两种类型。一种是以非零整数开始，后面连接任意个整数，整数间可以用下画线分隔，如 1、12 和 1_2 都是合法的十进制整数。另一种是以 0 开始，后面连接任意个 0，并且可以用下画线分隔，如 0、00、0_00 都是合法的十进制整数。

第 2 句中出现了非零整数和整数两个符号，它们的描述在第 6 句和第 7 句。

第 6 句定义非零整数 1～9。

第 7 句定义整数是 0～9。

至于剩下的几句规则，也都不难读懂，这里不再赘述。

再看一个例子，"try" 语句的语法。

```
try_stmt   :: =   try1_stmt | try2_stmt
try1_stmt  :: =   "try" ":" suite
                  ("except" [expression ["as" identifier]] ":" suite)+
                  ["else" ":" suite]
```

```
                          ["finally" ":" suite]
    try2_stmt  :: =   "try" ":" suite
                      "finally" ":" suite
```

Statement（*stmt*）：语句

Suite：一套（语句块）

Identifier：标识符

Expression：表达式

Finally：最终

第 1 句是"try"语句的定义，它包含两种类型。

第 2 句是第 1 种类型"try"语句的定义，它由一个"try"语句和一个或多个"except"以及可选的"else"和"finally"子句组成。

第 3 句是第 2 种类型"try"语句的定义，它由一个"try"语句和一个"finally"子句组成。

当我们掌握了文法（词法和语法的描述方法），就能读懂 Python 的词法和语法，从而加深对这门语言构成的了解。

在 Python 文档中，无论是词法还是语法，都采用了上下文无关文法进行描述。Python 解释器也正是依据这些词法和语法规则，进行词法分析和语法分析，从而完成 Python 代码的解释工作。

Python 的官方解释器是"CPython"，它是使用 C 语言编写的程序，对 Python 语言进行解释执行。

除此之外，常见的 Python 解释器还有以下几种。

1）JPython：使用 Java 语言编写。

2）IPython：基于 CPython，增强了交互方式。

3）IronPython：使用 C#语言编写。

4）PyPy：使用 Python 语言编写。

第7章
玩转 Python GUI 界面开发

这一章，我们为程序添加友好的操作界面，并打包成 Windows 系统中的可执行程序。

7.1　Python GUI 界面开发——基于 wxPython

我们的计算器代码虽然能够完成混合算式的计算，但美中不足的是没有操作界面。如果想为程序添加操作界面，也需要编写代码来实现。Python 自带了一个图形用户界面（Graphical User Interface，GUI）库，名字叫 "Tkinter"。

简单了解一下使用 Tkinter 创建程序界面的代码。

```
from tkinter import *  # 引入模块全部内容
界面 = Tk(className = "我的程序")  # 创建程序主界面
文字 = Label(text = "程序界面中的文字")  # 创建一个文本控件
按钮 = Button(text = "按钮")  # 创建一个按钮控件
文字.pack()
按钮.pack()
mainloop()
```

Label：标签

Text：文本

Button：按钮

Pack：装入

运行这几句代码，就能够看到一个界面，如图 7-1 所示。

关于 Tkinter 就了解这么多。如果对这个库有兴趣，可以通过

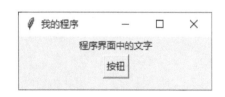

图 7-1　Tkinter 创建的程序界面

Python 的官方文档进行深入的了解。官方文档链接为 https://docs.python.org/zh-cn/3.9/library/tk.html。

Python 编程的宗旨绝对不是增加编程难度，而是更快地实现编程目标。所以，我们一起来了解另外一个实现起来更为简单的 GUI 库，它的名字叫 "wxPython"。

7.1.1 使用 wxFormBuilder 进行程序界面设计

关于 "wxPython" 库，可以参考官方文档。官方文档链接为 https://wiki.wxpython.org/Getting Started。官方文档比较烦琐，但是，我发现了一个工具，能够生成基于 wxPython 的界面代码，这个工具是 wxFormBuilder。最新版发布地址为 https://github.com/wxFormBuilder/wxFormBuilder/releases。打开发布地址，能够看到最新版本的发布信息，选择适合 Windows 系统的安装版本，下载后安装，如图 7-2 所示。

> **提 示**
>
> wxPython 的可视化设计工具还有 wxGlade、wxDesigner、Boa Constructor 等。

图 7-2　下载 wxFormBuilder

安装过程中，可以选择在桌面创建快捷方式（Create a desktop shortcut）的选项，其他都保持默认，如图 7-3 所示。

图 7-3　创建桌面快捷方式

现在就可以使用"wxFormBuilder"生成基于"wxPython"的界面代码了。

我们的目标是一个迷你计算器界面，如图 7-4 所示。

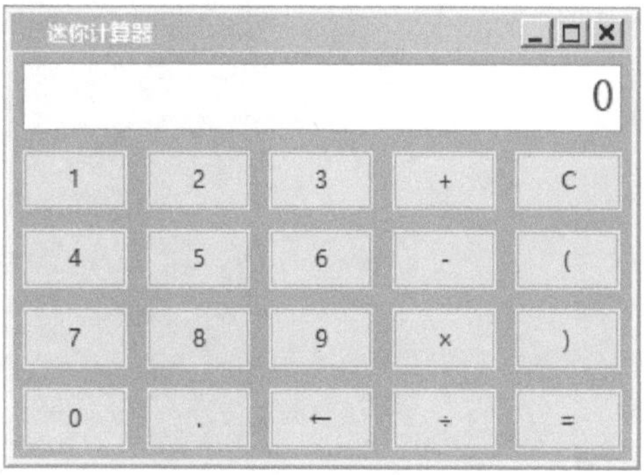

打开 wxFormBuilder。先添加一个界面的框架 "Frame"，命名为"迷你计算器"，宽度设置为"335"，高度设置为"235"。

具体流程是在右侧控件区（Component Palette），选择界面类型（Forms），从下一行的控件中选择第一个框架（Frame）控件。在控件的属性（Properties）中，设置控件的名称（name）和标题（title）以及默认尺寸（size）。如果不希望通过鼠标拖拽改变界面尺寸，还可以设置最小尺寸（minimum_size）和最大尺寸（maximun_size）与默认尺寸相同，如图 7-5 所示。

图 7-4　迷你计算器界面

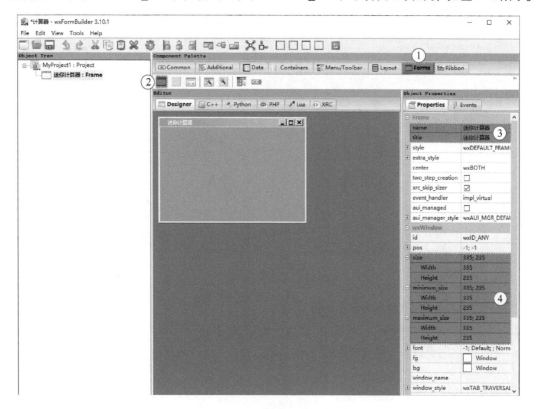

图 7-5　添加界面框架

在添加新的控件之前，我们看一下界面的布局，如图 7-6 所示。

图 7-6　界面布局

根据所需的界面布局，添加布局（Layout）控件。从下一行控件中选择第一个布局控件（wxBoxSizer），先添加一个"总框架"，再添加下一级的"输入区"和"按钮区"，如图 7-7 所示。

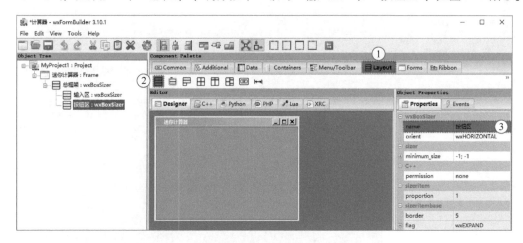

图 7-7　添加布局控件

布局控件是为了能够分隔排列功能控件。

在"输入区"中，我们添加一个基本（Common）控件，从下一行控件中选择第 4 个文本控件（wxTextCtrl），名称设置为"算式输入框"，默认值设置为"0"，高度设置为"35"，字体尺寸设置为"18"，如图 7-8 所示。

"按钮区"中包含了 4 行按钮控件。

因为布局控件中放入的控件只能水平或垂直排列，所以"按钮区"的布局方向（Orient）需要改为"wxVERTICAL"（垂直），如图 7-9 所示。

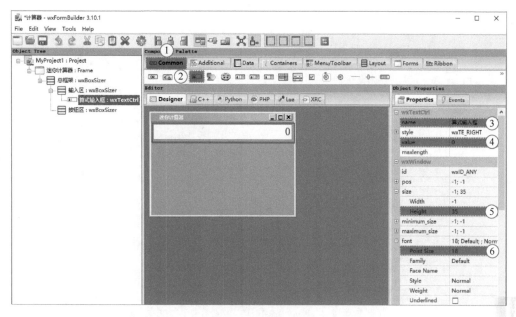

图 7-8　添加文本控件

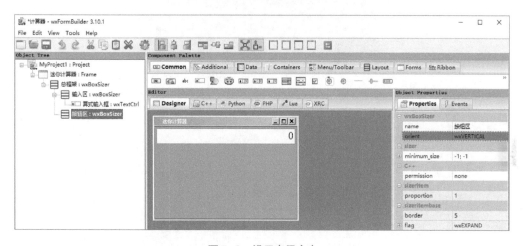

图 7-9　设置布局方向

然后，在"按钮区"中继续添加 4 个水平方向的布局控件，分别命名为"第一行""第二行""第三行"和"第四行"。并且，在这 4 个布局控件中，分别添加 5 个基本控件中的按钮（wxButton）。每个按钮控件都需要设置名称和按钮上的文本（Label），宽度均设置为"55"，如图 7-10 所示。

此时，"算式输入框"下方的空白太多了，需要选择"输入区"控件，在顶部功能区中单击蓝色的拉伸（Stretch）按钮，取消自动拉伸，如图 7-11 所示。

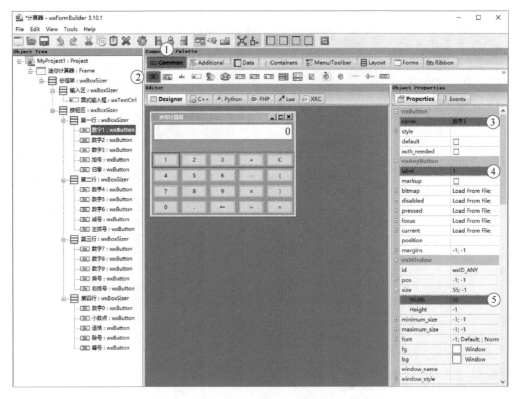

图 7-10　添加按钮控件

图 7-11　取消控件自动拉伸

到这里，我们就完成了"迷你计算器"的界面设置。

在编辑器（Editor）中，从设计模式（Designer）切换到 Python 代码模式，就可以将自动生成的代码复制到我们的项目中使用，如图 7-12 所示。

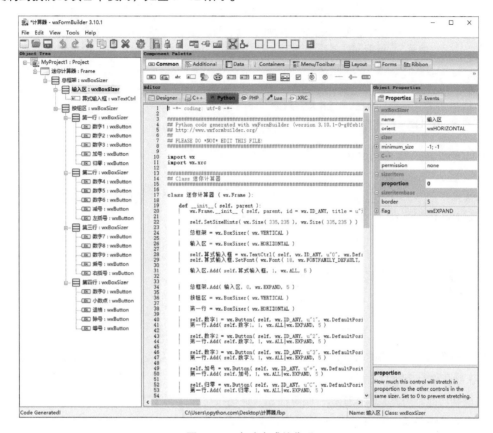

图 7-12　自动生成的代码

7.1.2　为界面控件绑定功能代码

把"迷你计算器"的界面代码复制到一个新建的 Python 文件中，命名为"迷你计算器.py"。然后，安装"wxPython"库。

```
pip install wxpython
```

有了"wxPython"库的支持，我们的界面代码才能正确运行。

接下来，我们尝试把程序界面显示出来。当前代码只有一个"迷你计算器"类，怎么才能让界面显示出来呢？我们需要先定义一个"应用程序"类，继承"wx.App"类。在"应用程序"的初始化"OnInit"方法中创建图形界面对象并显示出来。这样当创建"应用程序"对象的时候，就会显示图形界面。

```
class 应用程序(wx.App):
    def OnInit(self):  # 初始化应用程序
        界面 = 迷你计算器(None)  # 创建图形界面，None 表示没有上一级窗口
        界面.Show(True)  # 显示图形界面
        return True


程序 = 应用程序()  # 创建应用程序对象
程序.MainLoop()  # 进入事件循环，检测到事件时刷新界面控件
```

App（*Application*）：应用程序
Show：显示
界面依赖于程序，通过程序的"MainLoop"方法能够监测事件，响应对界面的操作。
因为我们的程序只有一个窗口，也可以采用一种简单的写法。

```
程序 = wx.App()
界面 = 迷你计算器(None)
界面.Show(True)
程序.MainLoop()
```

界面虽然已经显示出来，但是也仅仅是个界面，没有实际的功能。
界面上的按钮，在单击的时候都会触发"wx.EVT_BUTTON"事件，这个事件需要与指定的方法进行绑定，才能在单击按钮时进行响应。
按钮根据功能分为算式输入按钮、归零按钮、退格按钮和计算按钮。
算式输入按钮包括"0~9"".""+""-""×""÷""("和")"。
在单击这些按钮时，需要进行算式的拼接，它们都绑定同一个"算式按钮单击"方法。
在"迷你计算器"类的"__init__"方法中，我们添加新的代码。

```
self.数字 0.Bind(wx.EVT_BUTTON, self.算式按钮单击)
...省略部分代码...
self.数字 9.Bind(wx.EVT_BUTTON, self.算式按钮单击)
self.小数点.Bind(wx.EVT_BUTTON, self.算式按钮单击)
self.加号.Bind(wx.EVT_BUTTON, self.算式按钮单击)
self.减号.Bind(wx.EVT_BUTTON, self.算式按钮单击)
self.乘号.Bind(wx.EVT_BUTTON, self.算式按钮单击)
self.除号.Bind(wx.EVT_BUTTON, self.算式按钮单击)
self.左括号.Bind(wx.EVT_BUTTON, self.算式按钮单击)
self.右括号.Bind(wx.EVT_BUTTON, self.算式按钮单击)
```

Bind：绑定

这里有个问题。

所有的算式输入按钮都绑定了同一个方法对象，而方法对象不能主动传入不同的参数。那怎么在执行方法时知道输入的是哪个按钮的字符？

我们先把"算式按钮单击"方法写出来。

需要注意，如果算式输入框中只有"0"，输入任何内容都需要将"0"替换。如果算式输入框中不是"0"，则和新的字符进行连接。

```
def 算式按钮单击(self, 事件,按钮文字):
    算式 = self.算式输入框.GetLabel()  # 获取算式输入框中的文本
    if 算式 == "0":
        算式 = 按钮文字
    else:
        算式 += 按钮文字
    self.算式输入框.SetLabelText(算式)  # 设置算式输入框中的文本
```

Set：设置

"算式按钮单击"方法包含 3 个参数。

1）"self"是实例方法必需的参数，它会自动传入，这是我们早已知道的。

2）"事件"是绑定方法时传入的参数，它也是自动传入，不管是否在方法中调用都需要接收这个参数。

3）"按钮文字"是自定义参数，用于单击不同按钮时，接收不同的字符。

接下来，要解决的就是如何在绑定方法时，能够传入第 3 个参数，也就是"按钮文字"参数。

有一个解决方案是每个按钮绑定不同的方法，在方法中都调用"算式按钮单击"方法，并传入相应的"按钮文字"参数。

例如，对"数字 1"按钮的处理。

在"__init__"方法中先进行绑定。

```
self.数字 1.Bind(wx.EVT_BUTTON, self.数字 1 单击)  # 绑定独立的方法
```

定义独立的方法，调用共有的方法。

```
def 数字 1 单击(self, 事件):
    self.算式按钮单击(事件,"1")  # 独立方法中调用共有方法
```

这样做的话，意味着我们需要额外定义十几个独立的方法，这未免太麻烦了！

有一个稍好一些的解决方案。这个方案需要使用"lambda"表达式。"lambda"也叫匿名函数，也就是具有函数的功能但不需要定义函数的名称。它的格式是"lambda 参数:表达式"。

还是以对"数字 1"按钮的处理为例。

```
self.数字1.Bind(wx.EVT_BUTTON, lambda 事件: self.数字按钮单击(事件, "1"))
```

代码的中 "lambda 事件: self.数字按钮单击(事件, "1")" 就是 "lambda" 表达式。

因为匿名函数不是实例方法，所以只需要接收 "事件" 参数。

为了便于理解，我们可以把这个匿名函数理解为如下代码。

```
def (事件):
    self.数字按钮单击(事件, "1")
```

但是这样的解决方案仍然感觉烦琐。最好的解决方案是单击按钮时，能够直接在 "算式按钮单击" 方法中获取对应按钮的文字。

其实，"事件" 参数就包含了我们需要的数据信息。

```
def 算式按钮单击(self, 事件):
    按钮文字 = 事件.GetEventObject().GetLabel()    # 从事件对象参数中获取按钮文字
    算式 = self.算式输入框.GetLabel()
    if 算式 == "0":
        算式 = 按钮文字
    else:
        算式 += 按钮文字
    self.算式输入框.SetLabelText(算式)
```

Event：事件

通过 "事件" 参数的 "GetEventObject" 方法能够获取事件对象，也就是触发事件的按钮，再通过 "GetLabel" 方法，就能够获取事件对象的文本。

经过这样的优化，代码变得非常精简。

接下来，归零按钮、退格按钮和计算按钮也都要绑定对应的方法。

```
self.退格.Bind(wx.EVT_BUTTON, self.退格按钮单击)
self.归零.Bind(wx.EVT_BUTTON, self.归零按钮单击)
self.等号.Bind(wx.EVT_BUTTON, self.等号按钮单击)
```

"退格按钮单击" 方法需要在单击退格按钮时截取除最后一位之外的所有字符，并且如果算式输入框只有一个字符并按下退格按钮时，需要将算式输入框归零，而不是完全清空。

```
def 退格按钮单击(self, 事件):
    算式 = self.算式输入框.GetLabel()
    if len(算式) > 1:
        self.算式输入框.SetLabelText(算式[:−1])
    else:
        self.算式输入框.SetLabelText("0")
```

"归零按钮单击"方法比较简单，只需要将算式输入框中的字符设置为"0"。

```
def 归零按钮单击(self, 事件):
    self.算式输入框.SetLabelText("0")
```

最后，是"等号按钮单击"方法，此时需要对算式输入框中的内容进行解释计算。我们之前写过的计算器代码就能够派上用场了。但是，需要一点改动。因为迷你计算器界面的乘号按钮和除号按钮文字分别是"×"和"÷"，所以需要添加这两种运算符号的支持。

```
_运算类型 = {"+": _加法, "-": _减法, "*": _乘法, "/": _除法, "×": _乘法, "÷": _除法}
```

修改完成后，将之前的计算器代码文件命名为"算式计算.py"，与"迷你计算器.py"放在同一文件夹下。

然后，引入其中的"词法分析器"和"解释器"到当前项目中使用。

```
from 算式计算 import 词法分析器, 解释器
```

接下来，就可以在"等号按钮单击"方法中获取算式输入框的算式，并用解释器计算出算式的结果，再显示到算式输入框中。

不过，这里还有一个问题需要解决。就是当输入的算式不符合规范时，需要弹出错误提示，如图 7-13 所示。

图 7-13　弹出错误提示

所以，需要在算式的计算过程中进行异常捕捉，如果捕捉到异常，就生成一个对话框，进行提示。

```
def 等号按钮单击(self, 事件):
    算式 = self.算式输入框.GetLabel()
    try:  # 捕捉异常
        分词器 = 词法分析器(算式)
```

```
                算式解释器 = 解释器(分词器)
                计算结果 = str(算式解释器.计算())   # 需要将计算结果转为字符串类型
                self.算式输入框.SetLabelText(计算结果)
            except Exception as 错误:   # 捕捉到异常时
                错误提示 = str(错误)   # 获取异常中的文本信息
                提示框 = wx.MessageDialog(None, 错误提示, "错误", wx.YES_DEFAULT | wx.ICON_ERROR)
# 创建提示框
                提示框.ShowModal()   # 显示提示框
```

Message：消息

Dialog：对话

到这里，迷你计算器的代码就全部完成了。

我们看一下这个程序的完整代码。

```
# -*- coding: utf-8 -*-

import wx
import wx.xrc
from 算式计算核心 import 词法分析器, 解释器


class 迷你计算器(wx.Frame):

    def __init__(self, parent):
        wx.Frame.__init__(self, parent, id = wx.ID_ANY, title = u"迷你计算器", pos = wx.DefaultPosition,
size = wx.Size(335, 235),
                            style = wx.DEFAULT_FRAME_STYLE | wx.TAB_TRAVERSAL)
        self.icon = wx.Icon("logo.ico", wx.BITMAP_TYPE_ICO)   # 创建图标对象
        self.SetIcon(self.icon)   # 设置程序图标
        self.SetSizeHints(wx.Size(335, 235), wx.Size(335, 235))
        总框架 = wx.BoxSizer(wx.VERTICAL)
        输入区 = wx.BoxSizer(wx.HORIZONTAL)
        self.算式输入框 = wx.TextCtrl(self, wx.ID_ANY, u"0", wx.DefaultPosition, wx.Size(-1, 35),
wx.TE_RIGHT)
        self.算式输入框.SetFont(
            wx.Font(18, wx.FONTFAMILY_DEFAULT, wx.FONTSTYLE_NORMAL, wx.FONTWEIGHT_
NORMAL, False, wx.EmptyString))
        输入区.Add(self.算式输入框, 1, wx.ALL, 5)
        总框架.Add(输入区, 0, wx.EXPAND, 5)
```

```
按钮区 = wx.BoxSizer(wx.VERTICAL)
第一行 = wx.BoxSizer(wx.HORIZONTAL)
self.数字 1 = wx.Button(self, wx.ID_ANY, u"1", wx.DefaultPosition, wx.Size(55, −1), 0)
第一行.Add(self.数字 1, 1, wx.ALL | wx.EXPAND, 5)
self.数字 2 = wx.Button(self, wx.ID_ANY, u"2", wx.DefaultPosition, wx.Size(55, −1), 0)
第一行.Add(self.数字 2, 1, wx.ALL | wx.EXPAND, 5)
self.数字 3 = wx.Button(self, wx.ID_ANY, u"3", wx.DefaultPosition, wx.Size(55, −1), 0)
第一行.Add(self.数字 3, 1, wx.ALL | wx.EXPAND, 5)
self.加号 = wx.Button(self, wx.ID_ANY, u"+", wx.DefaultPosition, wx.Size(55, −1), 0)
第一行.Add(self.加号, 1, wx.ALL | wx.EXPAND, 5)
self.归零 = wx.Button(self, wx.ID_ANY, u"C", wx.DefaultPosition, wx.Size(55, −1), 0)
第一行.Add(self.归零, 1, wx.ALL | wx.EXPAND, 5)
按钮区.Add(第一行, 1, wx.EXPAND, 5)
第二行 = wx.BoxSizer(wx.HORIZONTAL)
self.数字 4 = wx.Button(self, wx.ID_ANY, u"4", wx.DefaultPosition, wx.Size(55, −1), 0)
第二行.Add(self.数字 4, 1, wx.ALL | wx.EXPAND, 5)
self.数字 5 = wx.Button(self, wx.ID_ANY, u"5", wx.DefaultPosition, wx.Size(55, −1), 0)
第二行.Add(self.数字 5, 1, wx.ALL | wx.EXPAND, 5)
self.数字 6 = wx.Button(self, wx.ID_ANY, u"6", wx.DefaultPosition, wx.Size(55, −1), 0)
第二行.Add(self.数字 6, 1, wx.ALL | wx.EXPAND, 5)
self.减号 = wx.Button(self, wx.ID_ANY, u"−", wx.DefaultPosition, wx.Size(55, −1), 0)
第二行.Add(self.减号, 1, wx.ALL | wx.EXPAND, 5)
self.左括号 = wx.Button(self, wx.ID_ANY, u"(", wx.DefaultPosition, wx.Size(55, −1), 0)
第二行.Add(self.左括号, 1, wx.ALL | wx.EXPAND, 5)
按钮区.Add(第二行, 1, wx.EXPAND, 5)
第三行 = wx.BoxSizer(wx.HORIZONTAL)
self.数字 7 = wx.Button(self, wx.ID_ANY, u"7", wx.DefaultPosition, wx.Size(55, −1), 0)
第三行.Add(self.数字 7, 1, wx.ALL | wx.EXPAND, 5)
self.数字 8 = wx.Button(self, wx.ID_ANY, u"8", wx.DefaultPosition, wx.Size(55, −1), 0)
第三行.Add(self.数字 8, 1, wx.ALL | wx.EXPAND, 5)
self.数字 9 = wx.Button(self, wx.ID_ANY, u"9", wx.DefaultPosition, wx.Size(55, −1), 0)
第三行.Add(self.数字 9, 1, wx.ALL | wx.EXPAND, 5)
self.乘号 = wx.Button(self, wx.ID_ANY, u"×", wx.DefaultPosition, wx.Size(55, −1), 0)
第三行.Add(self.乘号, 1, wx.ALL | wx.EXPAND, 5)
self.右括号 = wx.Button(self, wx.ID_ANY, u")", wx.DefaultPosition, wx.Size(55, −1), 0)
第三行.Add(self.右括号, 1, wx.ALL | wx.EXPAND, 5)
按钮区.Add(第三行, 1, wx.EXPAND, 5)
第四行 = wx.BoxSizer(wx.HORIZONTAL)
```

```
self.数字 0 = wx.Button(self, wx.ID_ANY, u"0", wx.DefaultPosition, wx.Size(55, −1), 0)
第四行.Add(self.数字 0, 1, wx.ALL | wx.EXPAND, 5)
self.小数点 = wx.Button(self, wx.ID_ANY, u".", wx.DefaultPosition, wx.Size(55, −1), 0)
第四行.Add(self.小数点, 1, wx.ALL | wx.EXPAND, 5)
self.退格 = wx.Button(self, wx.ID_ANY, u"←", wx.DefaultPosition, wx.Size(55, −1), 0)
第四行.Add(self.退格, 1, wx.ALL | wx.EXPAND, 5)
self.除号 = wx.Button(self, wx.ID_ANY, u"÷", wx.DefaultPosition, wx.Size(55, −1), 0)
第四行.Add(self.除号, 1, wx.ALL | wx.EXPAND, 5)
self.等号 = wx.Button(self, wx.ID_ANY, u" = ", wx.DefaultPosition, wx.Size(55, −1), 0)
第四行.Add(self.等号, 1, wx.ALL | wx.EXPAND, 5)
按钮区.Add(第四行, 1, wx.EXPAND, 5)
总框架.Add(按钮区, 1, wx.EXPAND, 5)

self.SetSizer(总框架)
self.Layout()
self.Centre(wx.BOTH)

self.数字 1.Bind(wx.EVT_BUTTON, self.算式按钮单击)
self.数字 2.Bind(wx.EVT_BUTTON, self.算式按钮单击)
self.数字 3.Bind(wx.EVT_BUTTON, self.算式按钮单击)
self.数字 4.Bind(wx.EVT_BUTTON, self.算式按钮单击)
self.数字 5.Bind(wx.EVT_BUTTON, self.算式按钮单击)
self.数字 6.Bind(wx.EVT_BUTTON, self.算式按钮单击)
self.数字 7.Bind(wx.EVT_BUTTON, self.算式按钮单击)
self.数字 8.Bind(wx.EVT_BUTTON, self.算式按钮单击)
self.数字 9.Bind(wx.EVT_BUTTON, self.算式按钮单击)
self.数字 0.Bind(wx.EVT_BUTTON, self.算式按钮单击)
self.小数点.Bind(wx.EVT_BUTTON, self.算式按钮单击)
self.加号.Bind(wx.EVT_BUTTON, self.算式按钮单击)
self.减号.Bind(wx.EVT_BUTTON, self.算式按钮单击)
self.乘号.Bind(wx.EVT_BUTTON, self.算式按钮单击)
self.除号.Bind(wx.EVT_BUTTON, self.算式按钮单击)
self.左括号.Bind(wx.EVT_BUTTON, self.算式按钮单击)
self.右括号.Bind(wx.EVT_BUTTON, self.算式按钮单击)
self.退格.Bind(wx.EVT_BUTTON, self.退格按钮单击)
self.归零.Bind(wx.EVT_BUTTON, self.归零按钮单击)
self.等号.Bind(wx.EVT_BUTTON, self.等号按钮单击)
```

```
        def 算式按钮单击(self, 事件):
            按钮文字 = 事件.GetEventObject().GetLabel()
            算式 = self.算式输入框.GetLabel()
            if 算式 == "0":
                算式 = 按钮文字
            else:
                算式 += 按钮文字
            self.算式输入框.SetLabelText(算式)


        def 归零按钮单击(self, 事件):
            self.算式输入框.SetLabelText("0")


        def 退格按钮单击(self, 事件):
            算式 = self.算式输入框.GetLabel()
            if len(算式) > 1:
                self.算式输入框.SetLabelText(算式[:-1])
            else:
                self.算式输入框.SetLabelText("0")


        def 等号按钮单击(self, 事件):
            算式 = self.算式输入框.GetLabel()
            try:
                分词器 = 词法分析器(算式)
                算式解释器 = 解释器(分词器)
                计算结果 = str(算式解释器.计算())
                self.算式输入框.SetLabelText(计算结果)
            except Exception as 错误:
                错误提示 = str(错误)
                提示框 = wx.MessageDialog(None, 错误提示, "错误", wx.YES_DEFAULT | wx.ICON_ERROR)
                提示框.ShowModal()


if __name__ == "__main__":
    程序 = wx.App()
    界面 = 迷你计算器(None)
    界面.Show(True)
    程序.MainLoop()
```

最终的代码中还为程序界面设置了图标，如图 7-14 所示。

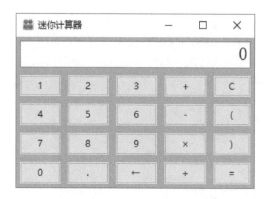

图 7-14　带图标的程序界面

图标下载地址为 http://www.icosky.com/icon/ico/Application/openPhone/Calculator.ico。
将图标放入项目文件夹中，命名为 "logo.ico"（与代码中保持一致）。

7.2　将代码打包为 Windows 应用程序——基于 PyInstaller

如果把我们编写的迷你计算器交给别人使用，总不能让别人也装个 Python 解释器，再安装 wxPython。所以，能不能让我们编写的程序像 Windows 系统中的程序一样，双击就能使用呢？当然可以。
我们需要先安装用于打包 Python 程序的 "pyinstaller" 库。

```
pip install pyinstaller
```

然后，打开 CMD 控制台，进入命令行模式。
在命令行模式下，通过 DOS 命令进入项目文件夹。
例如，项目文件夹路径是 "D:\Python\Project"，DOS 命令如下。

```
C:\>d:
D:\>cd Python\Project
D:\Python\Project>
```

再通过命令进行程序打包。

```
pyinstaller –D –w –i "logo.ico" 迷你计算器.py
```

命令中带有一些参数。
1）参数 "–D" 表示生成包含可执行程序的文件夹。如果想生成一个独立的可执行程序文件，需要使用参数 "–F"，但是这种独立的程序文件运行时会先进行解压缩，所以启动较慢。
2）参数 "–w" 表示不显示控制台窗口，以免程序运行时弹出黑色的控制台窗口。

3）参数 "–i" 表示可执行程序的图标，后方跟随输入程序图标的所在路径。

PyInstaller 的命令还包含很多可选参数，用来满足不同的打包需求。具体内容可以通过官方文档进行了解。官方文档地址为 https://pyinstaller.readthedocs.io/en/stable/。

当控制台中出现类似 "INFO: Building COLLECT COLLECT–00.toc completed successfully." 的信息时，说明程序打包成功。

在项目文件夹中，会出现一个 "dist" 文件夹，里面包含一个名为 "迷你计算器" 的文件夹。在 "迷你计算器" 文件夹中，有一个名为 "迷你计算器.exe" 的可执行程序文件，双击就能够运行我们的迷你计算器程序。

但是，此时会发生错误。

因为在上一节的完整代码中，我们为迷你计算器界面添加了图标，在使用 "pyinstaller" 命令进行程序打包时，这个图标文件没有被打包到可执行程序的文件夹中。我们只需要将图标 "logo.ico" 放入 "迷你计算器" 文件夹中，就能够消除错误。

另外，对于这个问题还有另外一种解决方法，也适用于其他程序依赖资源文件。

当我们使用 "pyinstaller" 命令完成程序的打包之后，在项目文件夹中会出现一个名为 "迷你计算器.spec" 的配置文件。

打开这个配置文件，找到 "datas = [],"语句，在列表中我们添加源文件路径与目标存储路径的元组，如 "datas = [('.\logo.ico', '.')],"，语句中的 "." 表示根目录。

完成配置文件的修改之后，通过 "pyinstaller" 命令再次打包程序。

pyinstaller 迷你计算器.spec

这样就能够把程序依赖的资源文件一起打包到生成的可执行程序文件夹中。

Spec：*规格*

第 8 章
玩转 Python 数据库操作——基于 SQLite3

这一章，让我们一起了解数据库的基本操作，并通过 Python 代码让数据库操作变得更加简单。

8.1 建库与建表

常用的数据库有很多种，包括 Oracle、MySQL、Microsoft SQL Server、PostgreSQL、MongoDB、Redis、IBM Db2 等。这些数据库大部分是关系型数据库。

关系型数据库，指采用了关系模型来组织数据的数据库，以行和列的形式存储数据。简单理解就是由一张或多张数据表（Table）组成的数据库。

说到表，很容易想到 Excel 表。其实，可以把关系型数据库想象为 Excel 表。一个 Excel 工作簿就相当于一个数据库，Excel 工作簿中的表 "Sheet" 就相当于一张数据表。所以关系型数据库非常便于用户理解，是目前使用最多的数据库类型。

可能经常听说 MySQL 这种数据库，但这里我们要学习 SQLite3 数据库。SQLite3 虽然没有 MySQL 等数据库应用广泛，但它也是目前世界上排名前十的数据库。关键在于，它是一款轻量级的跨平台数据库，不像 MySQL 等数据库需要复杂的安装过程，因为在 Python 中集成了 sqlite3 模块，可以直接使用。

```
import sqlite3
```

8.1.1 创建与连接数据库

在 Python 文件中引入了 sqlite3 模块后，就能够进行数据库的连接。

```
数据库文件 = ("数据库.db")
连接 = sqlite3.connect(数据库文件)
```

Connect：连接

连接数据库需要调用"connect"方法，参数是数据库文件的路径。如果数据库文件不存在，则会在这个路径下创建一个空的数据库文件。

8.1.2　创建数据表

有了数据库文件就像有了一个工作簿，数据不能直接写在工作簿里，而是需要写在工作簿中的每一页工作表中。

所以，当有了数据库文件之后，我们需要做的是创建数据表，用来储存数据。表由行与列组成，每一列都是相同类型的数据，所以在建表的时候，需要为列命名。例如，一个用户信息表，包含编号、姓名、性别、年龄、民族、身高、身份证号以及地址。那么，在建表的时候，每一种信息都会保存在同一列，每一列的数据类型都需要根据数据特征去指定。

SQLite 使用结构化查询语言（Structured Query Language，SQL）语句进行数据库操作。

建表的语句一般是一个很长的字符串，格式（不区分大小写）如下。

```
CREATE TABLE 表名(
列名 1 数据类型 约束语句,
列名 2 数据类型 约束语句,
列名 3 数据类型 约束语句,
...
);
```

Create：创建

注意，每一列的设定语句都用逗号","分隔，并且建表语句最终以分号";"结尾。

接下来，我们一起来了解一些关于列的设定语句的内容。

首先，列名可以使用中文。

然后，SQLite3 只包含 NULL（空值）、INTEGER（整数）、REAL（实数）、TEXT（文本）以及 BLOB（输入），共 5 种存储类型。虽然也可以使用其他类型，如 CHAR（定长字符）、VARCHAR（变长字符），但是最终也会将其转化为它们的亲和类型（TEXT 类型）存储。

最后，约束也是 5 种类型。

1）NOT NULL（非空）约束：确保某一列值不存在"NULL"值。

2）DEFAULT（默认）约束：当某一列没有指定值时，则写入默认值。

3）UNIQUE（唯一）约束：确保某一列中所有的值不出现重复。

4）PRIMARY KEY（主键）约束：指定的列是数据表中每一行数据的唯一标识。

5）CHECK（检查）约束：确保某一列的值符合指定的条件。

现在，我们一起写出"用户信息"表中每一列的设定语句。先把"列"换个叫法，它通常称为"字段"，也就是一行记录由多个数据字段组成。

1）"编号"字段的值是一个整数，并且作为每一行的唯一标识，添加主键约束。

```
编号  INTEGER  PRIMARY KEY  AUTOINCREMENT,
```

Auto：自动

Increment：增加

语句中的"AUTOINCREMENT"是一个关键字，指定这一列的值是从 1 开始自动递增的整数。例如，添加第 1 条记录会自动写入编号值"1"；添加第 1000 条记录会自动写入编号值"1000"。即便出现过删除记录的操作，这个自动递增也不会被打断。比如添加第 1 条记录时编号为"1"，之后立即删除这条记录，再添加记录时，编号会从"2"开始。

2）"姓名"字段的值是一个字符串，也就是"TEXT"类型，它不能是空值，添加非空约束。

```
姓名  TEXT  NOT  NULL,
```

我喜欢这个"TEXT"类型。因为在其他数据库中，可能需要使用"VARCHAR(15)"这样的类型设定，也就是指定类型时需要考虑列值的长度，参数 15 表示存储的值不超过 15 个字符。

而使用"TEXT"类型，完全没有这种烦恼，无论字符数量是多少，它都可以进行存储。

当然，如果想限制列值的长度也没有问题，可以使用检查约束。

3）"性别"字段是"TEXT"类型，列值只能是"男"或"女"，添加检查约束进行限制，并且可以指定"男"为默认值。

```
性别  TEXT  CHECK(性别 = '男' OR 性别 = '女')  DEFAULT '男',
```

4）"年龄"字段是"INTEGER"类型，列值要大于"0"并小于"150"（2019 年吉尼斯世界纪录为 141 岁），添加检查约束进行限制。

```
年龄  INTEGER CHECK(年龄>0 AND 年龄<150),
```

5）"民族"字段是"TEXT"类型，默认值为"汉族"。全国 56 个民族的名称最短为 2 个字符，最长为 5 个字符，添加检查约束进行限制。语句中可以使用"length"函数获取值的长度。

```
民族  TEXT  CHECK(length(民族)>= 2 AND length(民族)< = 5)  DEFAULT '汉族',
```

6）"身高"字段是"REAL"类型，因为值是小数。它可能不是必需的信息，不做任何约束。

　　　　身高　REAL,

7）"身份证号"字段是"TEXT"类型，它是每个人独有的标识信息，添加唯一约束，并且添加检查约束，限制值的字符数量必须为 18 位。

　　　　身份证号　TEXT　UNIQUE　CHECK(length(身份证号) = 18),

8）"地址"字段是"TEXT"类型，它可能不是必需的信息，不做任何约束。

　　　　地址　TEXT

看一下完整的代码吧！

```
数据库文件 = ("数据库.db")  # 指定数据库路径
连接 = sqlite3.connect(数据库文件)  # 连接已有数据库或创建新数据库
游标 = 连接.cursor()  # 创建游标以执行语句
建表语句 = """CREATE TABLE 用户信息(
    编号  INTEGER  PRIMARY KEY  AUTOINCREMENT,
    姓名  TEXT  NOT NULL,
    性别  TEXT  CHECK(性别 = '男' OR 性别 = '女')  DEFAULT '男',
    年龄  INTEGER  CHECK(年龄>0 AND 年龄<150)  NOT NULL,
    民族  TEXT  CHECK(length(民族)>= 2 AND length(民族)< = 5)  DEFAULT '汉族',
    身高  REAL  NOT NULL,
    身份证号  TEXT  UNIQUE  CHECK(length(身份证号) = 18),
    地址  TEXT
    );
    """
游标.execute(建表语句)  # 执行 SQL 语句
连接.close()  # 访问结束时关闭数据库连接
```

Execute：执行

Cursor：游标

建立数据库连接之后，需要创建"Cursor"对象。通过"Cursor"对象的"execute"方法来执行 SQL 语句。当访问数据库结束后，不要忘记及时关闭数据库连接。

示例代码运行之后，项目文件夹中会自动创建一个名为"数据库.db"的数据库文件，在这个数据库中创建了一张名为"用户信息"的空数据表。

关于"sqlite3"模块的更多内容，可以通过官方文档进行了解，文档地址为https://docs.python.org/zh-cn/3.9/library/sqlite3.html。

同时，推荐一款工具，名称为"SQLiteStudio"，下载地址为 https://sqlitestudio.pl/。这款工具能够打开 SQLite 创建的数据库文件，进行可视化的访问操作，如图 8-1 所示。

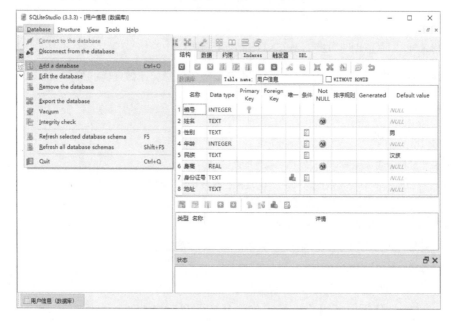

图 8-1　使用 SQLiteStudio 打开数据库

8.2　数据库操作的 SQL 语句

对数据表的基本操作有增、删、改、查 4 种。

1）增：添加一条或多条数据记录到数据表。

2）删：从数据表删除一条或多条数据记录。

3）改：修改一条或多条数据记录的字段值并更新数据表。

4）查：从数据表中查询一条或多条数据记录。

这是对数据表操作最简单的描述。实际上，对于数据表的操作要远比这个描述复杂得多。例如，查询数据记录的同时还可以对查询结果进行去重、分组、排序等处理。

先不考虑那么复杂，从最简单的操作入手。

8.2.1　添加数据

对数据表的操作同样使用 SQL 语句。

> INSERT INTO　表名 (字段 1,字段 2,... ,字段 N) VALUES(值 1,值 2,... ,值 N)

Insert：插入

Into：到

在"INSERT"语句中，字段与值要一一对应。

如果所有的值正好对应数据表所有的字段（自增字段除外），可以省略字段部分。

> INSERT INTO　表名 VALUES(值 1,值 2,... ,值 N)

8.2.2　删除数据

> DELETE FROM　表名 [WHERE 条件]

Where：处于哪种情形

通过设置条件，"DELETE"语句能够删除符合条件的一条或多条数据记录。

如果不设置条件，"DELETE"语句能够删除数据表中的全部数据记录，也就是清空数据表。

> DELETE FROM　表名

8.2.3　修改数据

> UPDATE　表名 SET　字段 1 = 值 1, 字段 2 = 值 2, ..., 字段 N = 值 N[WHERE 条件]

Update：更新

Set：设置

通过设置条件，"UPDATE"语句能够修改符合条件的一条或多条数据记录，将数据记录的指定字段修改为新值。

如果不设置条件，"UPDATE"语句能够修改数据表中的全部数据记录。

8.2.4　查询数据

> SELECT　字段 1,字段 2,...,字段 N FROM　表名 [WHERE　条件]

Select：选取

通过设置条件，"SELECT"语句能够查询符合条件的一条或多条数据记录，并可以通过设置字段，获取指定字段的值。

如果需要查询完整的数据记录，可以使用星号通配符"*"代替字段。

> SELECT * FROM 表名 [WHERE 条件]

如果不设置条件，"SELECT"语句能够查询到数据表中的全部数据记录。

另外，还可以通过附加子语句对查询结果进行更多的处理，以满足查询需求。例如，分组查询。

> SELECT 字段1,字段2,...,字段N FROM 表名 [WHERE 条件] [GROUP BY 字段1,字段2,...,字段N]

Group：组

By：通过

子语句"GROUP BY"能够按指定字段，将字段值相同的记录分为同组，并返回每组第一条记录。使用"GROUP BY"能够对某个字段共有多少不同的种类进行统计，当然这只是它多种用途中比较常见的一种。

还有，对查询结果进行排序。

> SELECT * FROM 表名 [WHERE 条件] [ORDER BY 字段1,字段2,...,字段N] [ASC|DESC]

Order：顺序

By：通过

Asc（*Ascend*）：上升

Desc（*Descend*）：下降

子语句"ORDER BY"能够对查询结果按指定字段进行排序，默认为升序。也可以附加"ASC"或"DESC"指定排序方向。

如果只想获取一定数量的数据记录，还可以添加子语句"LIMIT 数量 OFFSET 起始位置"。例如，获取第11~25条数据记录。

> SELECT * FROM 表名 [WHERE 条件] [ORDER BY 字段1,字段2,...,字段N] [ASC|DESC] LIMIT 15 OFFSET 10

省略"OFFSET"的话，就会从第一条数据开始获取。

另外，还能够进行模糊匹配查询。

> SELECT 字段1,字段2,...,字段N FROM 表名 [WHERE 字段 LIKE '_字符%']

设置条件时，可以通过"字段 LIKE '_字符%'"语句进行模糊匹配。"'_字符%'"中的下画线"_"表示一个字符，"%"表示零个、一个或多个字符。例如，"%云吞"能够匹配"鲜虾云吞"，但是不能匹配"广式云吞面"。

有时候，我们需要查询结果不能够出现重复，可以通过"DISTINCT"关键字进行去重查询。

```
SELECT DISTINCT 字段 1,字段 2,...,字段 N FROM  表名  [WHERE  条件]
```

例如，统计"用户信息"表中的共包含哪些民族。就需要根据"民族"字段进行去重查询。

```
SELECT DISTINCT 民族 FROM  用户信息
```

更多关于 SQL 语句的知识，Python 官方文档中给出了参考文档，文档地址为https://www.w3schools.com/sql/。

实际上我们使用复杂 SQL 语句的机会并不多，从学习的角度来说，不常使用的知识，在这里就不再赘述。

8.3　使用 Python 代码动态生成 SQL 语句

SQL 这种结构化查询语言写起来比较麻烦，而且很容易出错，所以，不如我们通过 Python 代码，去动态生成 SQL 语句，避免手动编写语句所导致的各种问题。

例如，添加一条用户信息，我们可以这么写代码。

```
添加数据(姓名  = "小楼"，年龄  = 20, 性别  = "男"，民族  = "汉族"，身高  = 1.82, 身份证号  = "110101200206068195"，地址  = "北京市东城区")
```

"添加数据"是一个方法，方法的参数就是一条数据的字段名称与值。

这条语句等同于以下语句。

```
语句  = 'INSERT INTO 用户信息(姓名,年龄,性别,民族,身高,身份证号,地址) VALUES ("小楼","20","男","汉族","1.82","110101200206068195","北京市东城区")'
游标.execute (语句)
连接.commit()
```

Commit: 把……写下来

示例代码中，"commit"方法用于提交事务。在没有执行"commit"方法之前，对数据库发生的所有操作只对当前连接有效。

很明显，使用"添加数据"方法更方便，不用再去考虑如何组织 SQL 语句。那么，"添加数据"方法是如何实现的呢？

对于数据表的访问，主要有增、删、改、查这 4 类操作。我们可以编写一个"数据表访问器"类，通过实例方法实现这 4 类查询功能。

1. 编写"数据表访问器"类

在"数据表访问器"类进行初始化时，创建与数据库的连接与游标对象，并指定访问的数据表。当然，如果不指定访问的数据表，因为已经定义了"表名"属性，也可以在实例化之后进行指定。

```
class 数据表访问器:
    def __init__(self, 数据库, 表名 = ""):
        self.连接 = sqlite3.connect(数据库)
        self.游标 = self.连接.cursor()
        self.表名 = 表名
        self.语句 = ""
```

这样，对于数据表的各类操作，都可以通过"数据表访问器"对象调用实例方法去实现。并且，对于各种操作的语句，也都能够通过统一的方法去执行。

2. 编写"执行语句"方法

所有方法中的 SQL 语句，都需要执行，对数据库有影响的操作（增、删、改）还需要在执行 SQL 语句后提交事务。

```
def 执行语句(self):
    self.游标.execute(self.语句)
    self.连接.commit()
```

3. 编写"添加数据"方法

添加数据需要组织"INSERT"语句。"INSERT"语句以"INSERT INTO"开始，表名为"self.表名"，然后是字段与值。字段与值来自方法的参数。但是，参数名称和数量并不是固定的。因为我们所编写的方法每次访问的表可能不同，这次用来访问"用户信息"表，下次可能访问"商品订单"表，所以字段不能写成固定的。

还记得在学习装饰器时，带有两个星号"**"的收集参数吗？它是关键字收集参数。在定义函数时设定的参数叫形式参数，简称形参。在调用函数时传入的参数叫实际参数，简称实参。关键字收集参数能够在调用函数时，把没有定义形参的实参（关键字参数）收集起来，以字典的方式传入函数。

做个测试。

```
>>> def 函数(姓名, 性别 = "保密", **收集参数):
        print("收集参数: ", 收集参数)
>>> 函数("小楼", 年龄 = 20, 性别 = "男",身高 = "182cm")
收集参数:  {'年龄': 20, '身高': '182cm'}
```

我们能够看到，关键字收集参数把每个没有对应形参的关键字实参转换为字典元素，形成参数字典。

"添加数据"方法中，只需要定义一个关键字收集参数，就能够把所有的字段与值变为参数字典。在方法内部，对参数字典进行解析，就可以组织成我们需要的 SQL 语句片段。参数字典中所有的键都是字段名称，需要以逗号分隔。通过"keys"方法能够获取字典的键列表，通过字符串的"join"方法，能够以指定分隔符连接列表元素为字符串。参数字典中所有的值都是字段值，也需要以逗号分隔。另外，如果值是字符串类型，需要添加单引号或双引号。否则，会出现错误。

当我们获取到字段名称的字符串与字段值的字符串，就可以将它们嵌入"INSERT"语句中，形成完整的 SQL 语句。

最后，执行 SQL 语句，就能完成数据记录的添加。

```
def 添加数据(self, **参数字典):
    字段 = ",".join(数据.keys())  # 获取以逗号分隔的字段名称字符串
    值列表 = [f"'{元素}'" if isinstance(元素, str) else f"{元素}" for 元素 in 参数字典.values()]  # 通过列表
推导式，遍历字典中所有的值，为 str 类型的值添加引号，形成新的列表
    值 = ",".join(值列表)  # 获取以逗号分隔的值字符串
    self.语句 = f'INSERT INTO {self.表名}({字段}) VALUES ({值})'  # 组织 SQL 语句
    self.执行语句()
```

调用"添加数据"方法一定要写关键字参数吗？是否可以写成以下格式？

```
添加数据(1, "小楼", "男", "20", "汉族", "1.82", "110101200206068195", "北京市东城区")
```

这种调用方式，相当于以下语句。

```
语句 = 'INSERT INTO 用户信息 VALUES ("小楼","男","20","汉族","1.82","110101200206068195","北京市
东城区")'
游标.execute (语句)
连接.commit()
```

如果"添加数据"方法传入的不是关键字参数，而是位置参数的话，一样可以通过收集参数进行处理，只是需要使用带有星号的一般收集参数。一般收集参数能够把没有对应形参的位置参数收集为参数元组。

再做个测试。

```
>>> def 函数(姓名,*收集参数):
        print(收集参数)
>>> 函数("小楼", 20, "男", "182cm")
(20, '男', '182cm')
```

所以，我们需要调整一下"添加数据"方法的代码。

```
def 添加数据(self, *参数元组, **参数字典):
    字段 = ""
    参数值 = 参数元组  # 默认获取位置参数
```

```
if 参数字典:  # 如果是以关键字参数传入
    字段 = f"({','.join(参数字典.keys())})"  # 注意字段两侧包含括号
    参数值 = 参数字典.values()  # 获取关键字参数
值列表 = [f"'{元素}'" if isinstance(元素, str) else f"{元素}" for 元素 in 参数值]
值 = ",".join(值列表)
self.语句 = f'INSERT INTO {self.表名}{字段} VALUES ({值})'  # 注意删除字段两侧的括号
self.执行语句()
```

4. 编写"批量添加数据"方法

如果需要将多条数据记录添加到数据表，循环调用"添加数据"方法的效率不是很高。

"游标"对象有一个"executemany"方法，能够一次执行多条 SQL 语句。例如，一个包含多个用户信息的数据列表。

```
数据列表 = [
    (1, '小楼', '男', 20, '汉族', 1.82, '110101200206068195', '北京市东城区'),
    (2, '小萌', '女', 18, '汉族', 1.68, '110112200408084942', '北京市通州区'),
    (3, '小白', '男', 19, '满族', 1.8, '110105200310104235', '北京市朝阳区'),
    (4, '小黑', '男', 20, '汉族', 1.79, '120101200205056039', '天津市和平区'),
    (5, '小冰', '男', 20, '汉族', 1.81, '120102200202025110', '天津市河东区'),
    (6, '小糖', '女', 17, '汉族', 1.72, '110102200501018760', '北京市西城区')
]
```

数据列表对应的字段列表如下。

```
字段列表 = ["编号", "姓名", "性别", "年龄", "民族", "身高", "身份证号", "地址"]
```

使用"executemany"方法一次添加这些数据记录的话，需要先组织一个 SQL 语句。

```
INSERT INTO 用户信息(编号,姓名,性别,年龄,民族,身高,身份证号,地址) VALUES (?,?,?,?,?,?,?,?)
```

因为每条数据记录包含了所有的字段，也可以使用简化的 SQL 语句。

```
INSERT INTO 用户信息 VALUES (?,?,?,?,?,?,?,?)
```

SQL 语句中的 "?" 是占位符，表示该位置需要一个写入值，占位符 "?" 的数量与字段数量相同。

所以，在组织 SQL 语句之前，我们需要获取数据列表中任意一条数据记录包含的字段数量，从而获取相同数量的占位符，这些占位符需要以逗号分隔连接为字符串。

简化的 SQL 语句不需要提供字段列表，如果提供了字段列表，也要将字段列表的所有元素以逗号分隔连接为字符串。

然后，组织 SQL 语句，将表名、字段字符串以及占位符字符串嵌入到"INSERT"语句中。

```
        def 批量添加数据(self, 数据列表, 字段列表 = []):    # 数据列表为必选参数，字段列表为可选参数
            字段 = ""
            占位符 = ",".join("?" * len(数据列表[0]))    # 根据第一条数据记录元素数量获取相同数量的占位符，并
以逗号分隔为字符串
            if 字段列表:    # 如果提供字段列表
                字段 = f"({','.join(字段列表)})"    # 转换为两端带有括号并以逗号分隔的字段字符串
            self.语句 = f'INSERT INTO {self.表名}{字段} VALUES ({占位符})'    # 组织 SQL 语句
            self.游标.executemany(self.语句, 数据列表)    # 执行多条语句
            self.连接.commit()
```

Many: 许多

编写代码，将数据记录添加到数据表中。

```
    if __name__ == '__main__':
        数据列表 = [
            (1, '小楼', '男', 20, '汉族', 1.82, '110101200206068195', '北京市东城区'),
            (2, '小萌', '女', 18, '汉族', 1.68, '110112200408084942', '北京市通州区'),
            (3, '小白', '男', 19, '满族', 1.8, '110105200310104235', '北京市朝阳区'),
            (4, '小黑', '男', 20, '汉族', 1.79, '120101200205056039', '天津市和平区'),
            (5, '小冰', '男', 20, '汉族', 1.81, '120102200202025110', '天津市河东区'),
            (6, '小糖', '女', 17, '汉族', 1.72, '110102200501018760', '北京市西城区')
        ]
        访问器 = 数据表访问器("数据库.db", "用户信息")
        访问器.批量添加数据(数据列表)
```

因为还没有编写查询数据的方法，暂时先忍耐一下查看数据表的冲动。

实在忍不住的话，可以用 8.1 节末尾推荐的工具 "Sqlite Studio" 看一下。

5. 编写 "删除数据" 方法

如果要删除一个数据表中的全部数据记录，只需要 "DELETE FROM 表名"。

但是，更多时候，我们需要的是按条件删除一条或多条语句。所以，需要在 "DELETE FROM 表名" 之后连接条件语句。这个工作可以通过 "组织语句" 方法来完成。

```
    def 删除数据(self):
        self.语句 = f"DELETE FROM {self.表名}"    # 组织 SQL 主语句
        self.组织语句()
        self.执行语句()
```

6. 编写 "组织语句" 方法

在没有编写 "修改数据" 和 "查询数据" 的方法之前，"组织语句" 方法只负责组织删除语句。

```
def 组织语句(self):
    self.语句 = self.语句 + self.条件语句
```

示例代码中的"条件语句"通过"条件"方法来获取。

7. 编写"条件"方法

在写"条件"方法之前，我们先看一下删除数据记录的过程语句。

```
访问器 = 数据表访问器("数据库.db", "用户信息")
访问器.条件(姓名 = "小萌")
访问器.删除数据()
```

示例代码中，先创建了一个"用户信息"表的"访问器"对象，然后调用"条件"方法创建条件语句，最后调用"删除数据"方法，组织完整的删除语句并执行。所以，"条件"方法只是根据关键字参数创建条件语句。

条件可以是一个，也可以是多个，所以条件参数可能是一个或多个，这就需要使用关键字收集参数。当有多个条件时，条件之间还会存在逻辑关系，也就是"并且"或"或者"的关系。当然，也存在"条件 1 并且 条件 2 或者 条件 3"这样复杂的逻辑关系，实现难度会变得更高，所以我们不考虑支持这样的逻辑关系，只支持单纯的"并且"或"或者"的逻辑关系。

其实，逻辑关系并不复杂，复杂的是关系类型。需要支持的关系类型有 9 种，分别是"等于""不等于""大于""大于等于""小于""小于等于""属于""不属于"以及"类似"。前六种比较关系比较常见，容易理解。

"属于"和"不属于"是指"IN"和"NOT IN"这两种包含关系，如查询"用户信息"表中年龄为"19"或"20"的数据记录，条件语句是"年龄 IN (19,20)"。

"类似"是指"LIKE"这种匹配关系，如查询用户信息表中所有地址为"天津市"开头的数据记录，条件语句是"地址 LIKE '天津市%'"。

但是，我们如何使参数关键字包含这些关系类型呢？

条件参数会被收集为参数字典，字典的键就是参数的关键字。

我们可以让参数关键字的格式为"字段名称_关系类型"，这样在"条件"方法中就可以对参数关键字进行分割，得到条件的字段与关系类型。如果参数关键字不含关系类型，则默认为"等于"。另外，还需要注意字段名称本身就包含下画线的情形。

例如，查询用户信息表中年龄大于 18 岁的用户，调用"条件方法"语句如下。

```
条件(年龄_大于 = 18)
```

以下是完整的"条件"方法。建议结合前面的描述，并由上至下仔细阅读注释进行理解。

```
        def  条件(self, 逻辑 = "并且", **参数字典):
            逻辑类型 = {"并且": "AND", "或者": "OR"}  # 中文对应的逻辑类型
            关系类型 = {"等于": " = ", "不等于": "<>", "大于": ">", "大于等于": ">=", "小于": "<", "小于等于": "< =", "属
于": "IN", "不属于": "NOT IN", "类似": "LIKE"}  # 中文对应的关系类型
            逻辑运算符 = 逻辑类型[逻辑]  # 通过中文参数获取逻辑运算符
            条件 = []  # 存储条件片段的列表
            for 键 in 参数字典:  # 遍历所有条件参数
                # 值 = 参数字典[键]  # 通过键获取参数的值
                # if isinstance(值, str):  # 如果值是字符串类型
                    # 值 = f"'{值}'"  # 为值添加引号
                值 = f"'{值}'" if isinstance(值, str) else 参数字典[键]  # 以上三句代码可以写为这一句
                字段, 关系 = 键, "等于"  # 默认的字段与关系类型
                if "_" in 键:  # 如果参数关键字包含下画线
                    前缀, 后缀 = 键.rsplit("_", 1)  # 从字符串右侧, 以下画线为分隔符分隔 1 次
                    if 关系类型.get(后缀):  # 如果后缀是关系类型之一
                        字段, 关系 = 前缀, 后缀  # 前缀为字段名称, 后缀为关系类型
                关系运算符 = 关系类型[关系]  # 通过中文获取关系运算符
                条件.append(f"{字段} {关系运算符} {值}")  # 组织一段条件语句条件片段列表
            self.条件语句 = " WHERE " + f" {逻辑运算符} ".join(条件)  # 以逻辑运算符为分隔符, 连接所有条件
片段, 并与 WHERE 关键字连接为完整的条件语句
            return self  # 返回数据表访问器对象自身, 可以连续调用子语句方法, 最后调用查询数据方法
```

"条件" 方法非常重要, 它不仅仅供 "删除数据" 方法调用, 也供 "修改数据" 与 "查询数据" 方法调用。

8. 编写 "修改数据" 方法

"修改数据" 方法的主要参数是字段名称与值, 也就是关键字参数名称和参数值, 它们同样通过关键字收集参数转化为参数字典。然后, 遍历参数字典将字典的键与值组织为语句片段, 并以逗号分隔组成字段语句, 最后, 嵌入 "UPDATE" 语句中。

修改数据一般是修改符合条件的数据记录, 所以, 在 "修改数据" 方法中, 同样要调用 "组织语句" 方法, 将主语句与条件语句连接。

```
        def  修改数据(self, **参数字典):
            字段列表 = []
            for 键 in 参数字典:  # 遍历参数字典
                值 = 参数字典[键]  # 通过键获取值
                if isinstance(值, str):  # 如果值是字符串类型
                    值 = f"'{值}'"  # 为值添加引号
```

```
        字段列表.append(f"{键} = {值}")  # 将 "字段名称 = 值" 的语句片段加入字段列表
        字段语句 = ",".join(字段列表)  # 将字段列表合并为逗号分隔的字段语句
        self.语句 = f"UPDATE {self.表名} SET {字段语句}"  # 组织为 SQL 主语句
        self.组织语句()
        self.执行语句()
```

9. 编写 "去重" 方法

在编写 "查询数据" 方法之前，我们需要编写一些方法，用于生成一些查询语句的子语句。这里只以 4 种子语句为例，分别是去重语句、分组语句、排序语句、限量语句。

查询数据时，可以进行去重查询，需要使用 "去重" 方法创建 "去重语句"。

```
    def 去重(self):
        self.去重语句 = "DISTINCT "
        return self
```

10. 编写 "分组" 方法

查询数据时，可以进行分组查询，需要使用 "分组" 方法创建 "分组语句"。

```
    def 分组(self, 字段):
        self.分组语句 = f" GROUP BY {字段} "
        return self
```

"字段" 参数要求是字符串类型，多个字段名称以逗号分隔。

11. 编写 "排序" 方法

查询数据时，可以对查询结果进行排序，需要使用 "排序" 方法创建 "排序语句"。

排序可以根据多个字段排序，并且可以在根据某个字段升序排列的同时，以其他某个字段降序排列查询结果。

我们使用一般收集参数收集传入的字段参数，以便转化为字段元组。对每一个字段参数，默认根据这个字段升序排列查询结果。如果想根据某个字段降序排序查询结果，就在字段名称之前加一个横线 "-"。 这样，当我们遍历字段元组时，可以根据字段是否以横线开头来设定排序方向。

```
    def 排序(self, *字段元组):
        字段列表 = []
        for 字段 in 字段元组:  # 遍历参数元组
            方向 = "ASC"  # 默认升序排列
            if 字段.startswith("-"):  # 如果字段名称以横线开头
```

```
                方向 = "DESC"  # 设为降序排列
                字段列表.append(f"{字段.lstrip('-')} {方向}")  # 添加排序语句片段，使用 lstrip 方法去除字段左
侧的横线
                字段语句 = ",".join(字段列表)  # 将字段列表合并为以逗号分隔的字段语句
                self.排序语句 = f" ORDER BY {字段语句}"  # 组织为完整的排序语句
                return self
```

Starts:　开始

with:　以

strip:　去除

测试一下写好的"排序"方法。

```
        访问器 = 数据表访问器("数据库.db", "用户信息")
        访问器.排序("-年龄", "身高")
        print(访问器.排序语句)
        结果显示：ORDER BY 年龄 DESC,身高 ASC
```

12.　编写"限量"方法

查询数据时，可以只获取从某一行开始指定行数的数据记录，需要使用"限量"方法创建"限量语句"。因为"起始位置"可以省略，所以只在"起始位置"大于"0"时，才创建"起始语句"。

```
        def 限量(self, 条数, 起始位置 = 0):
            起始语句 = f" OFFSET {起始位置}" if 起始位置 > 0 else ""
            self.限量语句 = f" LIMIT {条数}{起始语句}"
            return self
```

Limit:　限量

Offset:　开端

13.　编写"查询数据"方法

完成了子语句方法的编写，"查询数据"方法就非常容易实现了。

查询数据时，需要返回哪些字段的数据，可以通过"字段"参数传入。参数是字符串类型，默认是"*"，表示全部字段。如果是多个字段，字段名称之间需要用逗号分隔。

因为去重关键字需要写在主语句中，所以主语句需要保留一个位置（{'{}'}），在组织语句时，通过"format"方法嵌入。

```
        def 查询数据(self, 字段):
            self.语句 = f"SELECT {'{}'}{字段} FROM {self.表名}"
```

```
        self.组织语句()
        self.游标.execute(self.语句)
```

14. 编写"查询单条数据"方法

查询到数据之后，可能是 1 条数据记录，也可能是多条数据记录。

如果确定仅有 1 条数据记录，可以使用"fetchone"方法获取数据。没有数据记录时返回值为"None"。

```
    def 查询单条数据(self, 字段 = "*"):
        self.查询数据(字段)
        数据 = self.游标.fetchone()
        return 数据
```

Fetch：取来

One：一个

15. 编写"查询多条数据"方法

如果查询到的数据记录不止 1 条，可以使用"fetchall"方法获取数据。没有数据记录时返回值为空列表"[]"。

```
    def 查询多条数据(self, 字段 = "*"):
        self.查询数据(字段)
        数据 = self.游标.fetchall()
        return 数据
```

All：全部

16. 编写"组织语句"方法

查询数据的 SQL 语句，可能会连接不同的子语句。

我们在"组织语句"方法中，把各类子句添加进去。其中，使用"format"方法将"去重语句"嵌入之前预留的位置中。

```
    def 组织语句(self):
        self.语句 = self.语句.format(self.去重语句) + self.条件语句 + self.分组语句 + self.排序语句 + self.限量语句
        self.子语句初始化()
```

17. 编写"子语句初始化"方法

每次对数据库进行访问（删、改、查）操作之后，都需要将子句清空，以免影响下一次访问操作。

```
    def 子语句初始化(self):
        self.去重语句 = self.条件语句 = self.分组语句 = self.排序语句 = self.限量语句 = ""
```

在"__init__"方法中也需要调用"子语句初始化"方法，完成对这些属性变量的定义。

```
    def __init__(self, 数据库, 表名 = ""):
        ...省略部分代码...
        self.子语句初始化()
```

现在，我们可以测试一下"查询数据"的方法了。

例如，查询"用户信息"表中所有的男性用户，并按年龄降序排序，同时按身高升序排序。

```
    访问器 = 数据表访问器("数据库.db", "用户信息")
    访问器.条件(性别 = "男")
    访问器.排序("-年龄", "身高")
    数据 = 访问器.查询多条数据()
    print(数据)
```

另外，我们还可以使用以下语句查询数据。

```
    访问器 = 数据表访问器("数据库.db", "用户信息")
    数据 = 访问器.条件(性别 = "男").排序("-年龄", "身高").查询多条数据()
    print(数据)
```

因为在子语句方法中都有"return self"语句，所以可以连续调用子语句方法，最后调用查询数据方法。

18. 编写"__del__"方法

Python 能够自动进行内存管理。

当一个实例对象不再使用时，Python 会将它销毁。"__del__"方法是一个魔法方法，它会在实例对象被销毁时执行。

如果"数据表访问器"对象被销毁，需要关闭与数据库的连接。

```
    def __del__(self):
        self.连接.close()
```

"数据表访问器"类的完整结构如下。

```
    import sqlite3

    class 数据表访问器:
```

```
        def __init__(self, 数据库, 表名 = ""): ...
        def 子语句初始化(self): ...
        def 组织语句(self): ...
        def 执行语句(self): ...
        def 条件(self, 逻辑 = "并且", **参数字典): ...
        def 去重(self): ...
        def 排序(self, *字段元组): ...
        def 分组(self, 字段): ...
        def 限量(self, 条数, 起始位置 = 0): ...
        def 添加数据(self, *参数元组, **参数字典): ...
        def 批量添加数据(self, 数据列表, 字段列表 = []): ...
        def 删除数据(self): ...
        def 修改数据(self, **参数字典): ...
        def 查询数据(self, 字段): ...
        def 查询单条数据(self, 字段 = "*"): ...
        def 查询多条数据(self, 字段 = "*"): ...
        def __del__(self): ...
```

有了"数据表访问器"类，我们基本不用编写 SQL 语句，就能进行数据库的访问操作。对于一些没有包含的功能，还可以在此基础上继续扩展。

当然，也可以直接编写 SQL 语句进行数据库访问。

例如，查询"用户信息"表中年龄 18 岁的女性用户和年龄 19 岁的男性用户。

```
访问器 = 数据表访问器("数据库.db", "用户信息")
访问器.语句 = "SELECT * FROM 用户信息 WHERE (性别 = '女' AND 年龄 = 18) OR (性别 = '男'
AND 年龄 = 19)"
访问器.执行语句()
数据 = 访问器.游标.fetchall()
print(数据)
```

第 9 章
玩转 Python 应用程序开发

这一章，我们一起编写一些简单的应用程序，体验丰富而强大的 Python 第三方库。

9.1 玩转数据分析与数据可视化——股票行情查看器

我们在上一章了解了对数据库的访问操作。使用数据库的目的不仅仅是存储数据，而是在存储数据之后使用这些数据。

练习使用数据库，需要一些测试数据，仅仅几条数据是不够的。我思前想后，哪里才有很多的测试数据，越想越伤心。因为，我想到了股票数据。

特别声明一下，接下来我们会结合股票数据学习一些 Python 的知识内容，但不建议非投资者去尝试股票投资。股市有风险，入市需谨慎！

9.1.1 读取 CSV 文件——基于 csv 模块

基本上 PC 端的股票软件都有导出数据的功能，如导出当天的行情数据。

我使用的股票软件导出的是一个扩展名为“.xls”的 Excel 数据文件，如图 9-1 所示。

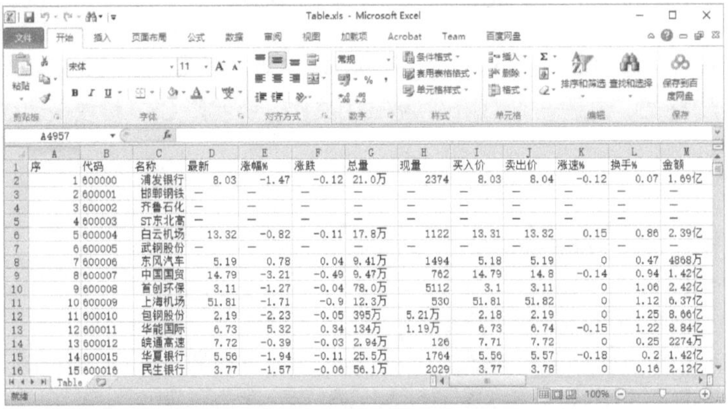

序	代码	名称	最新	涨幅%	涨跌	总量	现量	买入价	卖出价	涨速%	换手%	金额
1	600000	浦发银行	8.03	-1.47	-0.12	21.0万	2374	8.03	8.04	-0.12	0.07	1.69亿
2	600001	邯郸钢铁	—	—	—	—	—	—	—	—	—	—
3	600002	齐鲁石化	—	—	—	—	—	—	—	—	—	—
4	600003	ST东北高	—	—	—	—	—	—	—	—	—	—
5	600004	白云机场	13.32	-0.82	-0.11	17.8万	1122	13.31	13.32	0.15	0.86	2.39亿
6	600005	武钢股份	—	—	—	—	—	—	—	—	—	—
7	600006	东风汽车	5.19	0.78	0.04	9.41万	1494	5.18	5.19	0	0.47	4868万
8	600007	中国国贸	14.79	-3.21	-0.49	9.47万	762	14.79	14.8	-0.14	0.94	1.42亿
9	600008	首创环保	3.11	-1.27	-0.04	78.0万	5112	3.1	3.11	0	1.06	2.42亿
10	600009	上海机场	51.81	-1.71	-0.9	12.3万	530	51.81	51.82	0	1.12	6.37亿
11	600010	包钢股份	2.19	-2.23	-0.05	395万	5.21万	2.18	2.19	0	1.25	8.66亿
12	600011	华能国际	6.73	5.32	0.34	134万	1.19万	6.73	6.74	-0.15	1.22	8.84亿
13	600012	皖通高速	7.72	-0.39	-0.03	2.94万	126	7.71	7.72	0	0.25	2274万
14	600015	华夏银行	5.56	-1.94	-0.11	25.5万	1764	5.56	5.57	-0.18	0.2	1.42亿
15	600016	民生银行	3.77	-1.57	-0.06	56.1万	2029	3.77	3.78	0	0.16	2.12亿

图 9-1 股票 Excel 数据文件

提 示

图 9-1 中带有 "—" 的行是没有交易信息的记录，不需要进行读取。

为了读取这个 Excel 文件，我安装了 "xlrd" 库。

```
pip install xlrd
```

这是一个能够跨平台使用的 Excel 文件读取工具。

```
import xlrd
文件路径 = r"C:\Users\opython.com\Desktop\Table.xls"
工作簿 = xlrd.open_workbook(文件路径)
```

示例代码中，"文件路径" 字符串的前方写入了一个 "r"，表示这是一个原始（Raw）字符串。通过这样的声明，字符串中的反斜杠 "\" 就不会被作为转义字符处理。否则，每个反斜杠都需要写成 "\\"。

但是，运行代码时报错了。

```
xlrd.biffh.XLRDError: Unsupported format, or corrupt file: Expected BOF record; found b'\xd0\xf2\t\xb4\xfa\xc2\xeb\t'
```

错误的意思是：不支持的格式或损坏的文件：预期的文件起始（Before of File，BoF）记录中发现 b'\\xd0\\xf2\t\\xb4\\xfa\\xc2\\xeb\\t'（二进制中文字符）。

这是因为不支持中文吗？不是，这个 Excel 文件在 Windows 中打开一样报错，如图 9-2 所示。

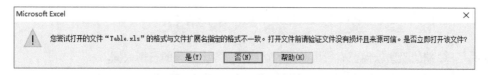

图 9-2　Excel 文件错误提示

就在我想把文件另存为标准的 "Excel 97-2003 工作簿" 格式时，发现默认推荐保存的是 "文本文件（制表分隔符）" 格式。这是一个 "CSV" 格式的文件。那就用 CSV 模块来读取它。

```
import csv

位置路径 = r"C:\Users\opython.com\Desktop\Table.xls"
数据列表 = []
with open(位置路径) as 文件: # 打开文件
    读取器 = csv.reader(文件, dialect = csv.excel_tab)  # 创建文件读取器对象
    列名 = next(读取器)  # 读取器是一个迭代器，第一行为列名
    for 行 in 读取器:  # 遍历读取器中的剩余行
```

```
数据列表.append(行)   # 将行数据以元组类型添加到数据列表
```

Dialect：语支（参数表示 CSV 文件的不同格式类型）

运行示例代码，就能够正确读取出 Excel 文件（实际上是 CSV 文件）的全部数据。

其实，在发现它是 CSV 文件之前，我已经找到了解决问题的方案。使用 "win32com" 模块可以忽略这种格式错误，直接完成文件的读取。

9.1.2　读取 Excel 文件——基于 pywin32/pylightxl

首先，安装 "win32com" 模块。这个模块包含在 "pywin32" 库中。

```
pip install pywin32
```

"pywin32" 库包含 Windows 系统的 Win32 API，能创建和使用 COM 对象和图形窗口界面。

API（*Application Programming Interface*）：应用程序编程接口

COM（*Component Object Model*）：控件对象模型

安装完成之后，就可以在项目中引入 "win32com" 模块了。

```
import win32com.client as win32
```

我们定义一个 "Excel 读取器" 类。

在 "__init__" 方法中，需要创建 Excel 应用程序对象，再用应用程序对象打开目标文件，取得工作簿对象。

```
class Excel 读取器:
    def __init__(self, 文件路径):
        self.excel = win32.gencache.EnsureDispatch('Excel.Application')   # 创建 Excel 应用程序对象
        self.工作簿 = self.excel.Workbooks.Open(文件路径)   # 使用应用程序对象打开 Excel 文件
```

Generate：生成

Cache：缓存

Ensure：确保

Dispatch：调度

Application：应用

一个 Excel 工作簿可能包含多张工作表（Sheet），需要创建指定读取的工作表对象。

```
def 指定工作表(self, 标识 = 1):
    self.工作表 = self.工作簿.Worksheets(标识)   # 通过序号或名称指定打开的工作表
```

一个 Excel 工作表可以包含多行数据，读取时往往是逐行读取。可以编写一个行数据生成器，每次能够生成一行数据。并且可以根据目标字段，只生成包含指定列值的行数据。

```
def 获取行数据(self, 目标字段):
    字段列表 = 目标字段.split(",")  # 需要获取列值的列名和列表
    self.表数据 = self.工作表.UsedRange.Value  # 获取指定工作表中的所有数据
    self.总行数 = len(self.表数据)  # 获取所有数据的总行数
    列名元组 = self.表数据[0]  # 表数据第一行为列名
    for 行 in range(1, self.总行数):  # 从第 1 行遍历到末尾
        行数据 = ()  # 存储每行列表的元组
        for 字段 in 字段列表:  # 遍历所有的列名
            列 = 列名元组.index(字段)  # 通过列名获取列的序号
            值 = self.表数据[行][列]  # 通过行序号和列序号取得列值
            if isinstance(值, str):  # 如果值是字符串类型
                值 = 值.strip()  # 去除字符串两端空格
            行数据 += (值,)  # 列值存入行数据元组
        if "—" in 行数据:  # 过滤没有交易信息的记录
            continue
        yield 行数据  # 生成行数据

def __del__(self):
    self.工作簿.Close()  # 关闭打开的工作簿
```

Used：已使用

测试一下写好的"Excel 读取器"类代码是否能成功读取 Excel 文件。

```
if __name__ == "__main__":
    文件路径 = r"C:\Users\opython.com\Desktop\Table.xls"
    读取器 = Excel 读取器(文件路径)  # 创建读取器对象
    读取器.指定工作表()  # 默认为第 1 张工作表
    行数据生成器 = 读取器.获取行数据("代码,名称")  # 创建行数据生成器
    print(next(行数据生成器))  # 打印第 1 条数据记录
```

可惜的是，"win32com"模块只能在 Windows 系统中使用，如果需要编写的代码能够跨平台使用，最好还是使用"xlrd"库。

但是，"xlrd"库的最新版本只支持扩展名为".xls"的旧版 Excel 文件。

如果需要读取扩展名为".xlsx"的 Excel 文件，可以使用"openpyxl"库。

如果需要编辑扩展名为".xls"的 Excel 文件，进行写入操作，可以使用"xlwt"库。

如果需要编辑扩展名为".xlsx"的 Excel 文件，进行写入操作，可以使用"xlsxwriter"库。

如果既想读取又想写入扩展名为".xlsx"的 Excel 文件（也支持 CSV 文件）的话，那就使用

"pylightxl" 库。

这些库都有相同的出处，地址为 https://www.python-excel.org/。

地址页面中，包含了各种库的介绍以及文档链接。以"pylightxl"库为例，再次实现 Excel 读取器。

首先，安装"pylightxl"库。

```
pip install pylightxl
```

并且，将 Excel 文件"Table.xls"另存为新的版本"Table.xlsx"。

然后，在项目文件中引入"pylightxl"模块。

```
import pylightxl as lxl
```

为了便于区分，新的类名为"XLSX 读取器"。

```
class XLSX 读取器:
    def __init__(self, 文件路径):
        self.工作簿 = lxl.readxl(文件路径)  # 读取 Excel 文件获取工作簿对象

    def 指定工作表(self, 表名):
        self.工作表 = self.工作簿.ws(表名)  # 通过表名获取工作表对象

    def 获取行数据(self, 目标字段):
        字段列表 = 目标字段.split(",")  # 创建需要获取列值的列名和列表
        行数据 = self.工作表.rows  # 获取所有的行数据
        列名列表 = next(行数据)  # 获取第 1 行，分割为列名元组
        for 行 in 行数据:  # 遍历所有行数据
            行数据 = ()  # 存储每行数据的元组
            for 字段 in 字段列表:  # 遍历所有列名
                列 = 列名列表.index(字段)  # 通过列名获取列序号
                值 = 行[列]  # 通过列序号获取列值
                if isinstance(值, str):  # 如果值是字符串类型
                    值 = 值.strip()  # 去除字符串两端空格
                行数据 += (值,)  # 列值存入行数据元组
            if "—" in 行数据:  # 过滤没有交易信息的记录
                continue
            yield 行数据  # 生成行数据
```

测试一下。

```
if __name__ == "__main__":
    文件路径 = r"C:\Users\opython.com\Desktop\Table.xlsx"
```

```
读取器 = XLSX 读取器(文件路径)
读取器.指定工作表("Table")
行数据生成器 = 读取器.获取行数据("代码,名称")
print(next(行数据生成器))
```

9.1.3　文件数据存储到数据库

读取的 Excel 文件数据需要存储到数据库中，以便之后使用。

将包含"数据表访问器"类的模块命名为"数据表操作.py"。将包含"Excel 读取器"类的模块命名为"Excel 读取.py"。将这两个模块都存放在项目文件夹中，并在项目文件夹中新建 Python 文件"股票数据管理.py"。

在"股票数据管理.py"文件中，引入"数据表访问器"类和"Excel 读取器"类。

然后，编写代码，通过"Excel 读取器"类读取 Excel 文件数据，再通过"数据表访问器"类存储到数据库中。数据库文件命名为"股票数据库.db"。

先完成建表操作。

"股票信息"表包含股票的基本信息，即股票代码和股票名称。股票代码由 6 位数字组成，它是一只股票的唯一标识，不会有任何改变，所以是表的主键。股票名称不超过 8 个字符，它也是一只股票的唯一标识，但它可能会出现变化，例如上市首日会在名称前面添加字母"N"，连续亏损的股票会在名称前面添加字母"ST"等。

```
数据库文件 = ("股票数据库.db")
连接 = sqlite3.connect(数据库文件)
游标 = 连接.cursor()
建表语句 = """CREATE TABLE 股票信息(
    代码  TEXT  CHECK(length(代码) = 6) PRIMARY KEY,
    名称  TEXT  CHECK(length(名称)< = 8)  UNIQUE
    );
    """
游标.execute(建表语句)  # 执行 SQL 语句
```

"股票行情"表包含股票每个交易日的行情信息，即交易日期、股票代码、最新价格（收盘价格）、最高价格、最低价格、开盘价格、成交总量、成交金额以及涨跌金额。

1）交易日期（日期）由 8 位数字组成，如"20220222"。

2）股票代码（代码）与"股票信息"表进行关联，需要设置外键（Foreign Key）。

3）因为"股票行情"表包含多日多只股票的行情记录，每个字段都会出现重复，所以没有能够设置为主键的字段。但必须保证每条记录的唯一性，所以通过"日期"和"代码"联合组成主键，作为一条行情记录的唯一标识。

4）最新价格（最新）、最高价格（最高）、最低价格（最低）、开盘价格（开盘）以及涨跌金额（涨跌）都是不能为空的小数字段。

5）成交总量（总量）和成交金额（金额）在不超过 1 万时为数字，超过 1 万或 1 亿时会以"万"或"亿"为单位，如"10.32 万"和"1.38 亿"。所以将它们设置为不能为空的文本字段。

```
建表语句 = """CREATE TABLE 股票行情(
    日期   TEXT   CHECK(length(日期) = 8),
    代码   TEXT,
    最新   REAL   NOT NULL,
    最高   REAL   NOT NULL,
    最低   REAL   NOT NULL,
    开盘   REAL   NOT NULL,
    总量   TEXT   NOT NULL,
    金额   TEXT   NOT NULL,
    涨跌   REAL   NOT NULL,
    FOREIGN KEY(代码) REFERENCES 股票信息(代码) ON DELETE CASCADE,
    PRIMARY KEY(日期, 代码)
    );
    """
游标.execute(建表语句)
连接.close()
```

Foreign：外来的

References：引用

On：发生

Cascade：级联

外键设置语句"FOREIGN KEY(代码) REFERENCES 股票信息(代码) ON DELETE CASCADE"表示"代码"字段引用自"股票信息"表中的"代码"字段，"股票行情"表中的"代码"必须是"股票信息"表中已有的"代码"，并且，当"股票信息"表中的"代码"被删除时，同步删除"股票行情"表中所有包含相同"代码"的记录（即级联删除）。

主键设置语句"PRIMARY KEY(日期, 代码)"表示将"日期"和"代码"两个字段联合作为主键，也就是说某个交易日中某个代码的股票行情记录是唯一的。

另外，需要注意，如果级联删除不起作用，可能是 SQLite 没有开启外键约束，可以通过执行 SQL 语句进行开启。

```
开启外键 = "PRAGMA FOREIGN_KEYS = ON;"
```

```
游标.execute(开启外键)
连接.close()
```

完成了数据库的建表工作，接下来，我们编写代码将 Excel 文件数据添加到数据库中。

创建"股票数据管理"类，"__init__"方法中，创建一个"数据表访问器"对象。

```
from Excel 读取 import Excel 读取器
from 数据表操作 import 数据表访问器


class 股票数据管理:
    def __init__(self):
        self.访问器 = 数据表访问器("股票数据库.db")
```

首先，实现"股票信息"表的操作。这里要考虑两个问题。

1）对于已有的数据记录需要进行股票名称更新操作。

2）对于新上市的股票信息，需要进行新增操作。

所以，我们需要对 Excel 文件中所获取的数据进行拆分。如果一条数据记录中的股票代码是数据表中已有的，则将数据记录存入一个"更新数据"列表中，否则存入一个"新增数据"列表中。

```
def 拆分信息数据(self, 数据):
    已有数据 = self.访问器.查询数据("代码")
    if not 已有数据:
        已有数据 = []
    self.更新数据 = []
    self.新增数据 = []
    for 代码, 名称, _ in 数据:   # 丢弃"最新"价格数据
        if (代码,) in 已有数据:
            self.更新数据.append((名称, 代码, 名称))
        else:
            self.新增数据.append((代码, 名称))
```

在"更新股票信息"方法中，创建更新记录的 SQL 语句，更新指定数据表中代码相同但名称与最新名称不同的数据记录，将数据记录的名称更新为最新名称。SQL 语句中需要有三个"?"占位符，对应着"名称""代码"和"名称"这 3 个字段，这也是"拆分信息数据"方法中"更新数据"列表添加的元素是"(名称, 代码, 名称)"的原因。

```
def 更新股票信息(self):
    语句 = f"UPDATE {self.访问器.表名} SET 名称 = ? WHERE 代码 = ? AND 名称 <> ?"
    self.访问器.游标.executemany(语句, self.更新数据)
    self.访问器.连接.commit()
```

在"新增股票信息"方法中，如果有"新增数据"，就批量添加数据。

```
def 新增股票信息(self):
    if self.新增数据:
        self.访问器.批量添加数据(self.新增数据)
```

在"记录股票信息"方法中，指定访问的数据表，并进行信息数据拆分，更新和新增股票信息数据。

```
def 记录股票信息(self, 数据):
    self.访问器.表名 = "股票信息"
    self.拆分信息数据(数据)
    self.更新股票信息()
    self.新增股票信息()
```

然后，实现"股票行情"表的操作。

创建"记录股票行情"的方法，将 Excel 文件中获取的数据添加到"股票行情"表中。因为所有数据记录中都不包含"日期"数据，所以我们需要获取当前日期，转换为指定格式的字符串，与每一条数据记录合并成完整的数据记录，并将所有的数据记录添加到同一个"数据列表"中。最后，进行批量添加数据的操作。

另外，考虑到可能多次进行添加数据的操作，在每次添加数据之前，需要先将当前日期的数据从数据表中删除，以免出现因为相同主键的数据记录已存在所导致的错误。

```
from datetime import datetime

def 记录股票行情(self, 数据):
    self.访问器.表名 = "股票行情"
    日期 = datetime.strftime(datetime.now(), "%Y%m%d")
    数据列表 = [(日期,) + 行 for 行 in 数据]   # 为每条记录添加"日期"字段值
    self.访问器.条件(日期 = 日期).删除数据()
    self.访问器.批量添加数据(数据列表)
```

到这里，我们就完成了当前阶段"股票数据管理"类的代码。

测试一下。

```
if __name__ == "__main__":
    位置路径 = r'C:\Users\opython.com\Desktop\Table.xls'
    读取器 = Excel 读取器(位置路径)
    读取器.指定工作表()
    数据管理 = 股票数据管理()
    信息数据 = 读取器.获取行数据("代码,名称,最新")   # 过滤没有"最新"价格的数据
```

```
数据管理.记录股票信息(信息数据)
行情数据 = 读取器.获取行数据("代码,最新,最高,最低,开盘,总量,金额,涨跌")
数据管理.记录股票行情(行情数据)
```

运行示例代码，就能够成功将"Table.xls"中的数据存储到"股票数据库.db"中了。

9.1.4　图表可视化——基于Matplotlib/mplfinance/pandas/NumPy

经过 6 个月的数据采集，我的数据库中有了 120 天的股票行情数据。接下来，我们一起编写一个"股票行情查看器"，如图 9-3 所示。

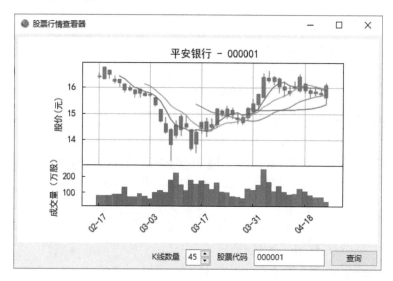

图 9-3　股票行情查看器程序界面

首先，我们要继续编写"股票数据管理"类。

第 1 个方法是"查询股票名称"方法，目的是通过股票代码查询对应的股票名称。

```
def 查询股票名称(self, 代码):
    self.访问器.表名 = "股票信息"
    self.访问器.条件(代码 = 代码)
    名称 = self.访问器.查询单条数据("名称")[0]
    return 名称
```

因为查询数据时返回的是类似"('平安银行',)"的元组，所以可以通过索引"[0]"获取元组中的第 1 个元素。

在编写第 2 个方法之前，我们先考虑一个问题，如何获取一只股票交易行情的最后 90 条数据记录？

在之前编写的"数据表访问器"类中，可以通过"限量"方法限制获取数据记录的数量。如果获取前90 条数据记录，只需要设置数量为"90"。但是，获取最后 90 条数据记录，还要确定获取数据记录的起始位置。起始位置应该是数据记录总数减去需要获取的记录数量。所以，我们要编写的第 2 个方法是"查询记录数量"方法。

```
def 查询记录数量(self, 代码):
    self.访问器.条件(代码 = 代码)
    self.访问器.语句 = f"SELECT count(代码) From {self.访问器.表名}"
    self.访问器.组织语句()
    self.访问器.游标.execute(self.访问器.语句)
    数量 = self.访问器.游标.fetchone()[0]
    return 数量
```

因为在查询语句中需要使用"count"函数，所以需要编写 SQL 主语句，再组织为完整的 SQL 语句，通过"游标"对象执行，得到查询结果。

第 3 个方法是"单位转换"方法。

在"股票行情"数据表中的"总量"字段会带有单位名称（万或亿）。因为单位名称不统一，不能直接用于创建图表，所以需要根据单位名称统一计算为相同单位（万）的数字。

"单位转换"是一个普通函数，可以装饰为无须调用对象的静态方法。

```
@staticmethod
def 单位转换(数量):
    if 数量[-1] == "万":  # 如果最后一个字符是"万"
        数量 = float(数量[:-1])  # 转换数字部分为小数
    elif 数量[-1] == "亿":  # 如果最后一个字符是"亿"
        数量 = float(数量[:-1]) * 10000  # 转换数字部分为小数后再乘以 10000
    else:  # 如果是不足 1 万的数字
        数量 = float(数量) / 10000  #  转换数字部分为小数后再除以 10000
    return 数量
```

最后一个方法是"查询股票行情"方法。

查询股票行情数据，除了根据指定的"代码"和"字段"查询外，还可能需要限制查询的"数量"，以及限制数量时查询的"起始位置"。并且，还要能够支持查询最后若干条数据。

```
def 查询股票行情(self, 代码, 字段 = "*", 数量 = None, 起始位置 = 0, 最后 = False):
    self.访问器.表名 = "股票行情"  # 指定查询的数据表
    if 数量:  # 如果限制查询数量
        if 最后:  # 如果查询最后若干条
            总行数 = self.查询记录数量(代码)  # 获取行情数据记录总数量
```

```
        起始位置 = 总行数 - 数量  # 计算获取记录的起始位置
     self.访问器.限量(数量, 起始位置)  # 设置限制查询数量的语句
   self.访问器.条件(代码 = 代码)  # 设置查询条件
   查询结果 = self.访问器.查询多条数据(字段)
   return 查询结果
```

有了这些新编写的方法，就能够轻松地从"股票数据库"中提取股票行情数据了。

有了股票行情数据，就可以开始绘制 K 线图。

K 线图也叫蜡烛图，中国股市的 K 线，有阳线（红色）和阴线（绿色）两种类型，由上影线、实体和下影线组成。

上影线的顶部为最高价格，下影线的底部为最低价格。阳线实体的顶部为最新（收盘）价格，底部为开盘价格，阴线反之，如图 9-4 所示。

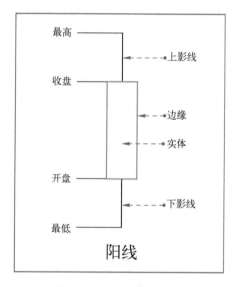

图 9-4　股票 K 线示意图

我们要通过股票行情数据中的"最新""最高""最低"和"开盘"这 4 个字段的数据来绘制 K 线。

说到使用 Python 绘图，非常有名的就是"Matplotlib"库。通过使用"Matplotlib"库，能够很轻松地将数据图形化，并且它提供了非常多样的输出格式，如线形图、直方图、功率谱、条形图、错误图、散点图等。

除了"Matplotlib"库，我们还需要使用"pandas"库。"pandas"库是强大的数据分析工具，与熊猫（Panda）无关，它的名称来自于面板数据（Panel Data）和数据分析（Data Analysis）。

使用"pandas"库的"DataFrame"类，能够非常方便地创建二维数据表。

所谓二维数据表，就是行与列组成的图表，如图 9-5 所示。

索引 Date	Close	High	Low 列名	Open	Volume
2022-02-17	16.42	16.55	16.32	16.39	79.45
2022-02-18	16.77	16.77	16.31	16.32	80.25
2022-02-21	16.51	16.67	16.32	16.66	80.10
2022-02-22	16.23	16.44	16.16	16.31	89.50
2022-02-23	16.19	16.31	16.04	16.30	88.67
2022-02-24	15.91	16.15	15.80	16.13	132.41
2022-02-25	15.90	16.08	15.87	15.99	72.64

图 9-5　DataFrame 创建的二维数据表

"DataFrame"类创建的数据表包含索引列和数据列，它可以很方便地通过列名获取某一列所有的值。

"pandas"库是基于"NumPy"库开发的数据分析工具，"NumPy"库也是一个 Python 库。它是 Python 数值计算的扩展，比 Python 原生的一些数据结构更高效。

所以，上面提到的这些库都需要安装。

```
pip install matplotlib
pip install pandas
pip install numpy
```

如果有兴趣了解这些库，可以阅读它们的官方文档，Matplotlib 文档链接为https://matplotlib. org/devdocs/，pandas 文档链接为 https://pandas.pydata.org/docs/，NumPy 文档链接为https://numpy. org/doc/stable/。

我们新建一个"绘制 K 线图.py"文件。

在文件中，我们引入所需要的模块，包括"Matplotlib"库的绘图模块"pyplot"和"pandas"库的"DataFrame"类以及"股票数据管理"模块文件中的"股票数据管理"类。

另外，我们需要对股票行情数据中的日期进行格式处理，还要引入"datetime"模块中的"datetime"类。

```
import matplotlib.pyplot as plt
from pandas import DataFrame
from 股票数据管理 import 股票数据管理
from datetime import datetime
```

Frame：框架

然后，创建"K 线图绘制器"类。

1. "__init__"方法

因为"Matplotlib"库默认不支持中文字体，所以在"__init__"方法中，我们添加解决中文乱码的语句。运行时配置参数（Runtime Configuration Params，rcParams）用来设置自定义图形的各种默认属性。为它添加一个中文字体设置，就能够解决中文乱码问题。

然后，创建一些属性。

1）创建"股票数据管理"类的实例对象"管理器"，以便进行数据查询。

2）创建"代码"属性接收要查询的股票代码。

3）创建"名称"属性，使用"管理器"通过"代码"查询股票名称。

4）创建"数量"属性，接收要查询记录的数量。

5）创建"图形"属性，使用"pyplot"模块的"figure"方法生成空白图形。

6）创建"子图"属性，通过"图形"的"add_subplot"方法创建"子图"，也就是绘图区域，以便在其中绘制图表。"add_subplot"方法的参数是 3 个数字，可以写成"111"或者"1,1,1"，第 1 个数字表示将图形垂直方向划分为几块，第 2 个数字表示将图形水平方向划分为几块，第 3 个数字表示对第几块区域进行操作。也就是说，一个图形可以由多个子图组成，每个子图中包含需要绘制的图表。

```
class K 线图绘制器:
    def __init__(self, 代码, 数量):
        plt.rcParams["font.sans-serif"] = ["SimHei"]  # 解决中文乱码问题
        self.管理器 = 股票数据管理()
        self.代码 = 代码
        self.名称 = self.管理器.查询股票名称(self.代码)
        self.数量 = 数量
        self.图形 = plt.figure()  # 创建空图形（画布）
        self.子图 = self.图形.add_subplot(111)  # 创建子图（绘图区域）
```

Font：字体

Sans：没有

Serif：衬线

SimHei：黑体

Figure：图形

Plot：绘制

2."获取数据表"方法

首先，需要通过"管理器"的"查询股票行情"方法获取指定"数量"的股票行情数据记录。

然后，使用"DataFrame"类的"from_records"方法创建二维"数据表"对象。

创建"数据表"时，需要根据数据记录中列的顺序，使用"columns"参数为列命名。不需要的列，可以使用"exclude"参数排除。

```
def 获取数据表(self):
    数据 = self.管理器.查询股票行情(self.代码, 数量 = self.数量, 最后 = True)  # 获取指定股票代码
最后 N 天股票行情记录
    self.数据表 = DataFrame.from_records(  # 从记录创建二维数据表
        数据,  # 创建数据表的数据
        columns = ["日期", "代码", "最新", "最高", "最低", "开盘", "总量", "金额", "涨跌"],  # 指定数据表列名
        exclude = ["代码", "总量", "金额", "涨跌"])  # 排除不需要的列
```

Column: 列

Exclude: 排除

3. "创建图表" 方法

有了 "数据表" 之后，可以直接通过 "数据表" 对象的 "plot" 方法创建图表。"plot" 方法的 "ax" 参数可以指定在哪个子图（Axis）上绘制图表。并且可以指定图片尺寸（figsize）、标题（title）、x 轴标签（xlabel）、y 轴标签（ylabel）、图例（legend）、线型（linestyle）以及是否使用索引（use_index）作为 x 轴刻度等。

我们可以在编写 "创建图表" 方法之前，先测试一下 "数据表" 对象的 "plot" 方法，看看能绘制出什么样的图表。使用数据表绘图之后，需要使用 "pyplot" 模块中的 "show" 方法进行显示，才能看到图形界面。

```
if __name__ == "__main__":
    绘制器 = K 线图绘制器("000001", 30)
    绘制器.获取数据表()
    绘制器.数据表.plot(ax = 绘制器.子图)
    plt.show()
```

运行测试代码之后，我们能看到由四条彩色线组成的图表。图表的 x 轴是根据数据表行数形成的刻度，y 轴是根据股票价格形成的刻度。四条彩色线是根据不同的价格列形成的线条，每条线都有对应的图例，如图 9-6 所示。

但是，这个图表明显不是我们想要的，我们需要的是由多个蜡烛一样的 K 线组成的 K 线图，并且 x 轴要显示交易日期。

所以，在 "创建图表" 方法中，通过数据表绘制图表时，我们要通过参数设置隐藏这些彩色的线条和图例，并且还要想办法修改 x 轴的刻度显示。

"pyplot" 模块中的 "xticks" 方法可以重新设置 x 轴的刻度，它可以传入两个元素数量一样的可迭代参数。第 1 个参数是刻度值，也就是 x 轴的坐标值。第 2 个参数是每个刻度想要显示的文字。如果刻度密集，还可以通过 "rotation" 参数对刻度文字进行角度旋转。

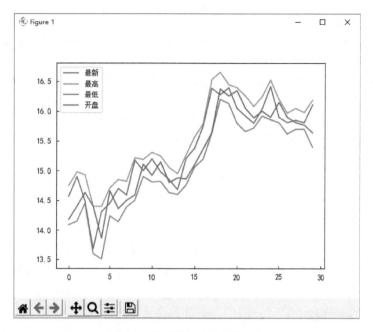

图 9-6　使用数据表绘制的图表

另外，因为股票行情数据中的"日期"字段是 8 位数字格式，需要使用"datetime"模块做一下转换，先通过"strptime"方法将字符串转为日期类型，再通过"strftime"方法转换为指定格式的字符串。

Axis：坐标轴

Axes：坐标轴集合

Rotation：旋转

Tick：记号

```
def 创建图表(self):
    self.数据表.plot(  # 将数据表绘制为图表
        ax = self.子图,  # 在子图上绘制
        figsize = (12, 8),  # 图形尺寸
        title = f"{self.名称} - {self.代码}",
        xlabel = "",  # x 轴标签
        use_index = False,  # 是否使用数据表索引作为 x 坐标轴刻度
        ylabel = "价格(元)",  # y 轴标签
        linestyle = "",  # 参数值为空可隐藏图表中的自动绘制的线，以便显示自定义绘制的 K 线，此
处也可以使用"style = " ""
        legend = False)  # 显示线的图例
    x 轴刻度 = range(0, self.数据表.shape[0])  # 用于绘制 K 线时的数字坐标
```

```
        日期刻度 = [datetime.strptime(日期, "%Y%m%d").strftime("%m-%d") for 日期 in self.数据表["日
期"]]　# 用于 x 轴显示的坐标文字
        plt.xticks(x 轴刻度, 日期刻度, rotation = 45)　# 添加新的刻度值与刻度文字, 并旋转刻度文字 45°
```

Style: 样式

完成 "创建图表" 方法后, 再次进行测试。

```
if __name__ == "__main__":
    绘制器 = K 线图绘制器("000001", 30)
    绘制器.获取数据表()
    绘制器.创建图表()
    plt.show()
```

此时, 能够显示只有标题与坐标轴的空白图表, 如图 9-7 所示。

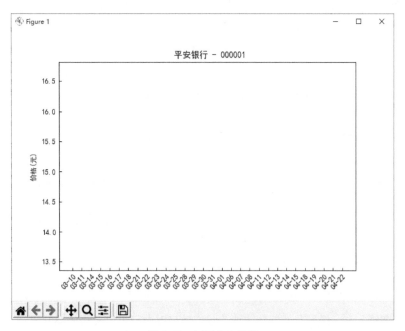

图 9-7　创建空白图表

所以, 接下来的任务是绘制 K 线, 将其添加到空白的图表中。

4. "绘制实体" 方法

一根 K 线由实体 (矩形) 和影线 (很细的矩形) 组成。实体和影线只能分别进行绘制。绘制矩形不需要使用 "K 线图绘制器" 类的实例对象, 需要将方法装饰为静态方法。

使用 "pyplot" 模块的 "Rectangle" 类能够创建矩形对象, 它需要传入 3 个必选参数, 第 1 个参

数是形状左下角顶点在坐标轴中的位置，需要以元组"(x,y)"为参数值；第 2 个参数是形状的宽度；第 3 个参数是形状的高度。另外，还可以传入"color"参数，定义形状的颜色。

在前面的代码中，我们把 x 轴的刻度值定义为从"0"开始，每个刻度递增"1"。所以，每个刻度的宽度就是"1"。在"绘制实体"方法中，我们将宽度默认值设置为"0.8"，可以让 K 线之间保留"0.2"的间隔。并且，因为形状坐标取值自左下顶点，如果坐标与刻度相同，则是形状左边界与坐标刻度对齐，如果要中心对齐，就需要将 x 轴坐标值减去宽度值的一半。

```
@staticmethod
def 绘制实体(x 轴, 顶, 底, 宽度 = 0.8, 颜色 = "r"):  # 实体宽度默认值是 x 轴一个刻度的80%，颜色
默认值是红色

    实体 = plt.Rectangle((x 轴 – 0.4, 底), 宽度, 顶 – 底, color = 颜色)  # 使用矩形类创建实体形
状，x 轴坐标向左偏移半个实体宽度，以便 K 线与坐标轴刻度中心对齐
    return 实体
```

Rectangle：矩形

5."绘制影线"方法

影线虽然分为上影线和下影线，但实际上只绘制一个形状就可以满足需求，也就是绘制一根高度为上影线顶部到下影线底部的影线。

"pyplot"没有绘制线的类，所以可以使用矩形绘制影线，只需要将宽度设置为较小的值。

```
@staticmethod
def 绘制影线(x 轴, 顶, 底, 宽度 = 0.04, 颜色 = "r"):  # 影线宽度默认值是 x 轴一个刻度的4%，颜色
默认值是红色

    影线 = plt.Rectangle((x 轴 – 0.02, 底), 宽度, 顶 – 底, color = 颜色)  # 使用矩形类创建影线形
状，x 轴坐标向左偏移半个影线宽度，以便 K 线与坐标轴刻度中心对齐
    return 影线
```

6."绘制单 K 线"方法

有了"绘制实体"和"绘制影线"的方法，我们就可以进行单根 K 线的绘制了。

单根 K 线要根据交易"数据"来确定。因为图表 y 轴的刻度就是股票价格，四个交易数据的值就是确定"实体"和"影线"形状的 y 轴坐标。

如果"开盘"价格大于"收盘"价格，说明股票下跌，此时 K 线"颜色"应为绿色（Green），并且"实体顶部"为"开盘"价格，"实体底部"为收盘价格。否则，股票上涨。K 线"颜色"应为红色（Red），并且"实体顶部"为收盘价格，"实体底部"为开盘价格。

确定了实体的顶部和底部，就可以根据"实体顶部"和"实体底部"的数值创建"实体"形状。然后，再根据"最高"价格和"最低"价格确定影线的形状。

当完成"实体"和"影线"形状的创建后，就能够将这两个形状通过"add_patch"方法添加到"子图"当中。

```
def 绘制单 K 线(self, x 轴, 数据):
    收盘, 最高, 最低, 开盘 = 数据
    实体顶部, 实体底部, 颜色 = (开盘, 收盘, "g") if 开盘 > 收盘 else (收盘, 开盘, "r")  # 根据开盘与
收盘价格确定实体顶部与底部坐标（即价格）以及颜色(r: red 或 g: green)
    实体 = self.绘制实体(x 轴, 实体顶部, 实体底部, 颜色 = 颜色)
    影线 = self.绘制影线(x 轴, 最高, 最低, 颜色 = 颜色)
    self.子图.add_patch(实体)  # 添加实体形状到图表
    self.子图.add_patch(影线)  # 添加影线形状到图表
```

Patch: 补丁

7. "图表填充 K 线"方法

有了"绘制单 K 线"的方法，就可以遍历"数据表"的数据，生成所有的 K 线填充到"子图"当中。

因为，x 轴的刻度是从"0"开始，向右展开，每个刻度递增为"1"，所以，K 线的 x 轴坐标同样从"0"开始，每生成一根 K 线，坐标递增"1"。

```
def 图表填充 K 线(self):
    x 轴 = 0  # 起始刻度
    for 数据 in self.数据表.values:  # 遍历全部行情记录
        self.绘制单 K 线(x 轴, 数据[1:5])  # 传入 x 轴坐标与 4 项行情数据绘制单根 K 线
        x 轴 += 1  # 绘制完毕一根 K 线时，x 轴坐标向右移动一个刻度
```

8. "绘制 K 线图"方法

最后，我们添加"绘制 K 线图"方法，依次调用"创建数据表"方法、"创建图表"方法和"图表填充 K 线"方法，完成整个 K 线图的绘制。

```
def 绘制 K 线图(self):
    self.获取数据表()
    self.创建图表()
    self.图表填充 K 线()
```

接下来，是见证奇迹的时刻！

```
if __name__ == "__main__":
    绘制器 = K 线图绘制器("300235", 30)
    绘制器.绘制 K 线图()
    plt.show()
```

其实，不用自己画单根 K 线也可以绘制 K 线图。有一个从"Matplotlib"库中独立出来的"mplfinance"库，可以直接绘制 K 线图。"mplfinance"库的"plot"方法可以直接通过"DataFrame"数据表完成 K 线图的创建，只需要将"type"参数设置为"candle"，也就是"蜡烛"。并且，还可以通过"mav"参数设置显示哪些均线（n 天收盘价格平均值组成的线）。如果"数据表"中包含成交量的数据，还可以通过设置"volume"参数为"True"添加成交量副图。

需要注意的是，"DataFrame"数据表的列名必须为英文的"Date"（日期）、"Close"（收盘）、"High"（最高）、"Low"（最低）、"Open"（开盘）以及"Volume"（成交量），否则将导致错误。

再创建一个名为"快速绘制 K 线图.py"的文件，写入以下代码。

```python
import pandas
from 股票数据管理 import 股票数据管理
import mplfinance as mpf


def 绘制K线图(代码):
    管理器 = 股票数据管理()
    查询结果 = 管理器.查询股票行情(代码, "日期,最新,最高,最低,开盘,总量", 90, 最后 = True)  # 获取一只股票最近90天的行情数据
    数据列表 = [元组[:-1] + (管理器.单位转换(元组[-1]),) for 元组 in 查询结果]  # 将每条数据记录中的成交量转换为不带单位名称的数字
    数据表 = pandas.DataFrame.from_records(数据列表, columns = ["Date", "Close", "High", "Low", "Open", "Volume"])  # 将数据列表转换为 DataFrame 类型，参数 columns 为列名列表
    数据表["Date"] = pandas.to_datetime(数据表["Date"])  # 将日期字段转换为指定的格式
    数据表.set_index("Date", inplace = True)  # 将日期字段设置为索引
    mpf.plot(数据表, type = 'candle', mav = (5, 10, 20), volume = True, )  # 通过数据表创建K线图，并包含3条均线与成交量副图
    if __name__ == "__main__":
        绘制K线图("000001")
```

运行代码，结果如图 9-8 所示。

当然，一些细节还需要通过设置进行修改，比如修改 K 线的颜色、x 轴的刻度名称和 y 轴的标签，并为图表添加标题等。

如果想更多了解"mplfinance"库，可以阅读说明文档，文档地址为https://pypi.org/project/mplfinance/。

虽然，我们已经能够把数据库中查询出来的数据变成可见的图表，但是总不能每次查询数据都运行一遍代码吧？为什么不给代码添加一个用户界面，将它变成应用程序？

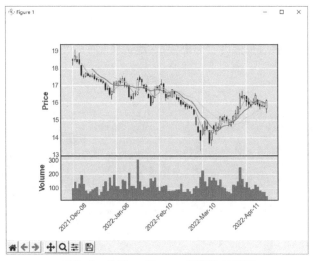

图 9-8　使用 mplfinance 绘制的 K 线图

9.1.5　创建程序界面

首先，完成界面代码。还记得"wxFormBuilder"吗？打开它，新建一个项目，名称叫作"股票行情查看器"。

1. 添加窗口

添加"Frame"控件，命名为"股票行情查看器"。默认尺寸和最小尺寸设置为"600,400"，如图 9-9 所示。

图 9-9　添加程序窗口

2．添加垂直布局

添加 "wxBoxSizer" 控件，命名为 "总框架"，默认垂直布局 "wxVERTICAL" 不变，如图 9–10 所示。

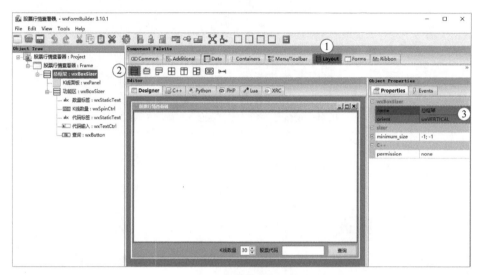

图 9–10　添加垂直布局控件

3．添加面板

添加 "wxPanel" 控件，作为用于显示图表的面板，命名为 "K 线面板"，如图 9–11 所示。

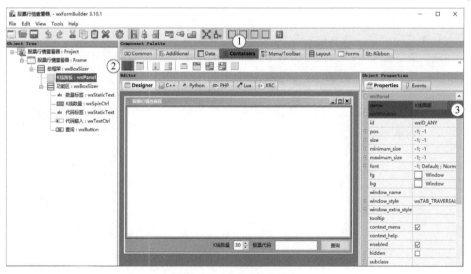

图 9–11　添加面板控件

4．添加水平布局

添加"wxBoxSizer"控件，命名为"功能区"，设置为水平方向"wxHORIZONTAL"，用于水平排列功能控件。并且将功能区居右对齐，取消自动缩放与扩展，如图 9-12 所示。

图 9-12　添加水平布局控件

5．添加标签

添加"wxStaticText"控件，将名称设置为"数量标签"，默认文字设置为"K 线数量"，并将文字垂直居中对齐，如图 9-13 所示。

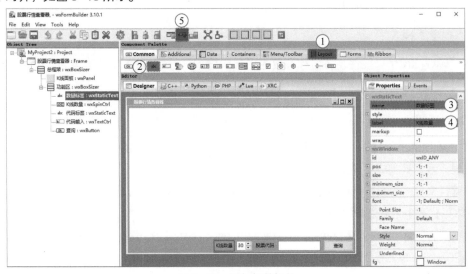

图 9-13　添加标签控件

175

6. 添加调节按钮

添加"wxSpinCtrl"控件，命名为"K 线数量"，设置最小值为"5"，最大值为"60"，初始值为"30"，如图 9-14 所示。

图 9-14　添加调节控件

7. 添加标签

添加"wxStaticText"控件，将名称设置为"代码标签"，文字设置为"股票代码"，并将文字垂直居中对齐，具体设置参考图 9-13。

8. 添加文本输入

添加"wxTextCtrl"控件，将名称设置为"代码输入"，限制最大字符数量为"6"，如图 9-15 所示。

9. 添加按钮

添加"wxButton"控件，将名称和文字设置为"查询"，如图 9-16 所示。

到这里，我们就完成了界面的设计。

创建项目文件"股票行情查看器.py"，将生成的 Python 界面代码复制进去。并根据需求添加一些设置，具体见代码中带有注释的部分。

程序界面需要使用的图标来自网络，下载地址为 http://www.icosky.com/icon/ico/Culture/Constellations%of20the20Zodiac/Scorpio20The20Scorpion.ico 。将图标放入项目文件夹中，可以重命名为"stock.ico"。

图 9-15　添加文本控件

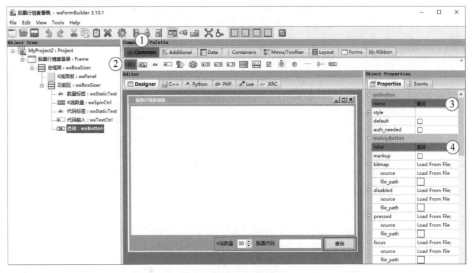

图 9-16　添加按钮控件

```
import wx

########################################################################
## 股票行情查看器
########################################################################
```

```python
class 股票行情查看器(wx.Frame):

    def __init__(self, parent):
        wx.Frame.__init__(self, parent, id = wx.ID_ANY, title = u"股票行情查看器", pos = wx.DefaultPosition,
                          size = wx.Size(600, 400), style = wx.DEFAULT_FRAME_STYLE | wx.TAB_
TRAVERSAL)

        self.SetSizeHints(wx.Size(600, 400), wx.DefaultSize)
        self.icon = wx.Icon("stock.ico", wx.BITMAP_TYPE_ICO)   # 创建窗口图标对象
        self.SetIcon(self.icon)   # 为窗口添加图标
        self.SetBackgroundColour("#EEEEEE")   # 设置窗口背景颜色
        总框架 = wx.BoxSizer(wx.VERTICAL)
        self.K 线面板 = wx.Panel(self, wx.ID_ANY, wx.DefaultPosition, wx.DefaultSize, wx.TAB_TRAVERSAL)
        总框架.Add(self.K 线面板, 1, wx.EXPAND | wx.ALL, 5)
        功能区 = wx.BoxSizer(wx.HORIZONTAL)
        self.数量标签 = wx.StaticText(self, wx.ID_ANY, u"K 线数量", wx.DefaultPosition, wx.DefaultSize, 0)
        self.数量标签.Wrap(-1)
        功能区.Add(self.数量标签, 0, wx.ALL | wx.ALIGN_CENTER_VERTICAL, 5)
        self.K 线数量 = wx.SpinCtrl(self, wx.ID_ANY, wx.EmptyString, wx.DefaultPosition, wx.DefaultSize,
                          wx.SP_ARROW_KEYS | wx.TE_PROCESS_ENTER, 10, 90, 45)
# 增加 "wx.TE_PROCESS_ENTER" 以触发回车事件
        功能区.Add(self.K 线数量, 0, wx.ALL, 5)
        self.代码标签 = wx.StaticText(self, wx.ID_ANY, u"股票代码", wx.DefaultPosition, wx.DefaultSize, 0)
        self.代码标签.Wrap(-1)
        功能区.Add(self.代码标签, 0, wx.ALL | wx.ALIGN_CENTER_VERTICAL, 5)
        self.代码输入 = wx.TextCtrl(self, wx.ID_ANY, wx.EmptyString, wx.DefaultPosition, wx.DefaultSize,
                          wx.TE_PROCESS_ENTER)   # 将末尾参数 "0" 替换为 "wx.TE_
PROCESS_ENTER" 以触发回车事件
        self.代码输入.SetMaxLength(6)
        self.代码输入.SetFocus()   # 界面打开时代码输入框获取焦点
        功能区.Add(self.代码输入, 0, wx.ALL, 5)
        self.查询 = wx.Button(self, wx.ID_ANY, u"查询", wx.DefaultPosition, wx.DefaultSize, 0)
        功能区.Add(self.查询, 0, wx.ALL, 5)
        总框架.Add(功能区, 0, wx.ALIGN_RIGHT, 5)
        self.SetSizer(总框架)
        self.Layout()
        self.Centre(wx.BOTH)
```

测试一下界面是否能够成功显示。

```
if __name__ == "__main__":
    程序 = wx.App()
    界面 = 股票行情查看器(None)
    界面.Show(True)
    程序.MainLoop()
```

应用程序界面如图 9-17 所示。

图 9-17　应用程序界面

9.1.6　编写功能代码

接下来，我们要在项目文件中编写逻辑代码，实现股票查询功能。

首先，引入需要使用的库。

因为需要把"mplfinance"库绘制的图形放到"wxPython"绘制的程序界面中去，所以要使用"matplotlib"库中的"FigureCanvasWxAgg"类。

```
import pandas
from matplotlib.backends.backend_wxagg import FigureCanvasWxAgg
import mplfinance as mpf
from 股票数据管理 import 股票数据管理
```

Canvas：*画布*

Agg（*Anti-Grain Geometry*）：*一个开源、高效的 2D 图形库*

1."错误提示"方法

在对程序进行操作时，可能会出现一些错误，需要能够弹出错误提示。

错误提示来自股票代码输入不规范的可能性较大，在关闭错误提示后，可以让焦点（光标）重新回到股票代码输入框内。

```
def 错误提示(self, 提示):
    提示框 = wx.MessageDialog(None, 提示, "提示", wx.YES_DEFAULT | wx.ICON_ERROR)  # 创建
提示对话框
    提示框.ShowModal()  # 显示提示对话框
    self.代码输入.SetFocus()  # 让控件对象获取焦点
```

Focus：焦点

2. "创建图表样式"方法

"mplfinance"库绘制的图表默认是黑白色，我们需要进行"配色"，让它能够显示红绿色的 K 线图。"make_marketcolors"方法能够修改 K 线图的颜色，参数"up"用于设置上涨 K 线实体的颜色；参数"down"用于设置下跌 K 线实体的颜色；参数"edge"用于设置 K 线实体边缘的颜色；参数"wick"用于设置影线的颜色；参数"volume"用于设置成交量柱状图的颜色。

"make_marketcolors"方法创建的"配色"对象用于"图表样式"对象。"图表样式"对象由"make_mpf_style"方法创建。这个方法的"rc"参数能够进行字体设置，解决中文乱码问题。

```
def 创建图表样式(self):
    配色 = mpf.make_marketcolors(up = 'red',  # 上涨 K 线的实体颜色
                                down = 'green',  # 下跌 K 线的实体颜色
                                edge = {'up': 'red', 'down': 'green'},  # 实体边缘的颜色
                                wick = {'up': 'red', 'down': 'green'},  # 影线的颜色
                                volume = {'up': 'red', 'down': 'green'})  # 成交量柱状图的颜色
    self.图表样式 = mpf.make_mpf_style(rc = {'font.family': 'SimHei'}, marketcolors = 配色)  # 解决
中文乱码问题，并添加配色
```

Make：制造

Market：交易

Up：上升

Down：下降

Edge：边缘

Wick：烛芯

3. "创建总数据表"方法

股票行情查看器，能够显示不同数量的 K 线，为了避免改变 K 线数量时频繁访问数据库，我们可以在每次查询时，根据 K 线最大数量查询数据，创建一个"总数据表"对象。当改变 K 线数量时，只需

要从"总数据表"对象中获取部分数据，而不需要再访问数据库。

```
def 创建总数据表(self, 数据):
    self.总数据表 = pandas.DataFrame.from_records(数据, columns = ["Date", "Close", "High", "Low", "Open", "Volume"])  # 根据查询到的数据创建数据总表
    self.总数据表["Date"] = pandas.to_datetime(self.总数据表["Date"])  # 将日期列的值转换为可以作为索引的格式
    self.总数据表.set_index("Date", inplace = True)       #设置日期列为索引列
```

4. "获取股票数据"方法

获取股票数据，需要使用"股票数据管理"类的对象。如果没有查询到结果，则抛出值异常，结束方法执行。否则，对成交量进行单位转换，并进行"总数据表"的创建。最后，还要通过"查询代码"获取"股票名称"。

```
def 获取股票数据(self):
    管理器 = 股票数据管理()  # 创建"股票数据管理"类对象
    查询结果 = 管理器.查询股票行情(self.查询代码, "日期,最新,最高,最低,开盘,总量", 90, 最后 = True)  # 查询最近 90 天的股票数据
    if not 查询结果:  # 如果没有查询结果
        raise ValueError  # 抛出值异常
    数据 = [元组[:-1] + (管理器.单位转换(元组[-1]),) for 元组 in 查询结果]  # 对总量字段值进行单位转换
    self.创建总数据表(数据)  # 传入数据创建总数据表
    self.股票名称 = 管理器.查询股票名称(self.查询代码)  # 通过查询代码获取股票名称
```

5. "绘制图表"方法

因为每次"绘制图表"都会创建新的"图形"，所以需要先将旧的"图形"关闭。

绘制图表时，需要先获取 K 线的"显示数量"，通过"显示数量"从"总数据表"中获取需要显示的"数据表"。然后创建"图表样式"，绘制图表，得到新的"图形"和"子图列表"，为"子图列表"中的第一个图表（K 线图）添加网格，并设置标题。最后，为新的"图形"重新设置尺寸，与显示"图形"的"K 线面板"保持一致，并将"图形"渲染到"K 线面板"上。

在设置"图形"尺寸时，需要注意参数的单位与"K 线面板"不同，"图形"的尺寸"1"相当于"K 线面板"尺寸"100"。

```
def 绘制图表(self):
    mpf.plotting.plt.close(self.图形)  # 关闭旧图形
    显示数量 = int(self.K 线数量.GetValue())  # 获取 K 线数量
    self.数据表 = self.总数据表[-显示数量:]  # 获取显示的数据表
```

```
            self.创建图表样式()
            self.图形, 子图列表 = mpf.plot(self.数据表,  # 使用显示的数据表绘制图形
                                    style = self.图表样式,  # 使用自定义的图表样式
                                    ylabel = "股价(元)",  # 设置 y 轴标签
                                    type = 'candle',  # 设置 K 线类型
                                    mav = (5, 10, 20, 30),  # 设置显示的均线
                                    update_width_config = {'line_width': 1},  # 设置均线的线宽
                                    datetime_format = '%m-%d',  # 设置日期的格式
                                    volume = True,  # 设置显示成交量图表
                                    ylabel_lower = '成交量（万股）',  # 设置 y 轴下方的标签
                                    returnfig = True)  # 设置返回图形对象
            子图列表[0].grid()  # 为第 1 个子图添加网格
            子图列表[0].set_title(f"{self.股票名称} - {self.查询代码}")  # 设置第 1 个子图的标题
            self.图形.set_size_inches(self.K 线面板.Size[0] / 100, self.K 线面板.Size[1] / 100)  # 设置图形尺寸
            FigureCanvasWxAgg(self.K 线面板, wx.ID_ANY, self.图形)  # 将图形渲染到 K 线面板
```

Grid：网格

6. "单击查询按钮"方法

当单击查询按钮时，需要先获取输入的股票代码，并进行检查。如果输入的股票代码不是 6 位数字，则给出错误提示，并结束方法。

验证股票代码是不是由 6 位数字组成，最简单的方法是使用 "re" 模块。

```
import re
```

RE（Regular Expression）：正则表达式

"re" 模块的 "match" 方法能够将正则表达式与目标字符串进行匹配，匹配成功返回 "True"，否则返回 "False"。

若不是经常使用的正则表达式，我们不需要对它进行深入的了解，因为常用的正则表达式基本都能从网络中搜索到。例如，匹配 6 位数字的正则表达式。打开链接 https://www.baidu.com/s?ie=utf-8&f=3&rsv_bp=1&tn=baidu&wd=6 位数字的正则表达式，我们查到的正则表达式是 "\d{6}$"。表达式中 "\d" 表示一个 0～9 的整数元素，"{6}" 表示前方相邻的元素重复 6 次，"^" 表示开始，即 6 个数字前方没有其他元素，"$" 表示终止，即 6 个元素后方没有其他元素，所以这个表达式只能匹配 6 位数字。

当通过了对股票代码的验证后，需要进行股票数据的获取。如果获取股票数据时发生值异常，则给出错误提示，并结束方法。否则，开始绘制图表。最后，将 "代码输入" 框中的文字全部选中，便于再次输入新的股票代码进行查询。

```
def 单击查询按钮(self, 事件):
    self.查询代码 = self.代码输入.GetValue()  # 获取输入的股票代码
    if not re.match("^\d{6}$",self.查询代码):  # 如果输入的股票代码不是 6 位数字
        self.错误提示("错误: 请输入 6 位股票代码! ")
        return  # 结束当前方法
    try:  # 捕捉异常
        self.获取股票数据()
    except ValueError:  # 如果捕捉到值异常
        self.错误提示("错误: 没有查询结果, 请检查股票代码! ")
        return  # 结束当前方法
    self.绘制图表()
    self.代码输入.SelectAll()  # 选中代码输入框中的全部文字
```

All:　全部

7. "单击调节按钮"方法

当单击调节按钮时, 需要先检查"总数据表"是否存在数据。如果"总数据表"是空表, 则给出错误提示, 并结束方法。否则, 重新绘制图表。

```
def 单击调节按钮(self, 事件):
    if self.总数据表.empty:  # 判断总数据表是空表
        self.错误提示("错误: 没有股票数据! ")
        return  # 结束当前方法
    self.绘制图表()
```

Empty:　空的

8. "尺寸改变"方法

"股票行情查看器"的窗口可以通过鼠标拖拽改变尺寸, 当窗口尺寸发生改变时, "K 线面板"的尺寸也会随之改变。此时, 需要改变"图形"尺寸, 并重新渲染到"K 线面板"。

```
def 尺寸改变(self, 事件):
    self.图形.set_size_inches(self.K 线面板.Size[0] / 100, self.K 线面板.Size[1] / 100)
    FigureCanvasWxAgg(self.K 线面板, wx.ID_ANY, self.图形)
```

9.1.7　为界面控件绑定功能代码

在"股票行情查看器"类的"__init__"方法中, 我们需要将"单击查询按钮"方法、"单击

调节按钮"方法以及"改变尺寸"方法绑定到对应的控件。并且，初始化"图形"与"总数据表"对象。

```
self.查询.Bind(wx.EVT_BUTTON, self.单击查询按钮)  # 查询按钮单击事件绑定方法
self.代码输入.Bind(wx.EVT_TEXT_ENTER, self.单击查询按钮)  # 代码输入框回车事件绑定方法
self.K 线数量.Bind(wx.EVT_SPINCTRL, self.单击调节按钮)  # 调节按钮通过单击调节数量事件绑定方法
self.K 线数量.Bind(wx.EVT_TEXT_ENTER, self.单击调节按钮)  # 调节按钮回车事件绑定方法
self.K 线面板.Bind(wx.EVT_SIZE, self.尺寸改变)  # K 线面板尺寸改变事件绑定方法

self.图形 = mpf.figure()  # 创建空白图形对象
self.总数据表 = pandas.DataFrame()  # 创建空白数据表对象
```

最后，运行程序，进行测试。

```
if __name__ == "__main__":
    程序 = wx.App()
    界面 = 股票行情查看器(None)
    界面.Show(True)
    程序.MainLoop()
```

"股票行情查看器"类的整体结构如下。

```
class 股票行情查看器(wx.Frame):
    def __init__ (self, parent):...
    def 错误提示(self, 提示):...
    def 创建图表样式(self):...
    def 创建总数据表(self, 数据):...
    def 获取股票数据(self):...
    def 绘制图表(self):...
    def 单击查询按钮(self, 事件):...
    def 单击调节按钮(self, 事件):...
    def 尺寸改变(self, 事件):...
```

9.2 玩转机器视觉——人脸识别器

现在经常会用到人脸识别，我们一起来编写一个人脸识别器。它可以识别图片中的人脸（见图 9-18），也能够从摄像头中识别，为了保持神秘，采集的图像添加了高斯模糊效果，如图 9-19 所示。

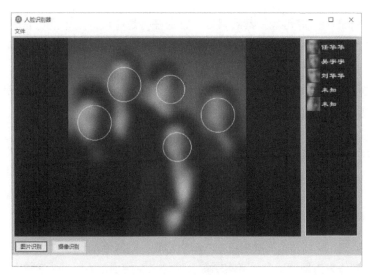

图 9-18　识别图片中的人脸

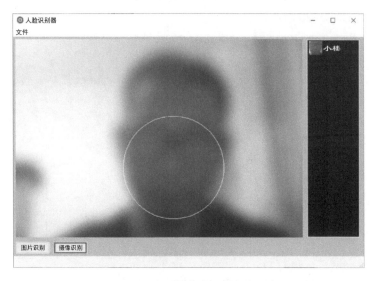

图 9-19　识别摄像头视频中的人脸

人脸识别需要用到几个第三方库，包括"NumPy""Pillow""OpenCV"和"face_recognition"。

1）"NumPy"库在之前已经安装使用过，在这里它的主要任务是将图片数据转为数组。

2）"Pillow"库能够完成常见的图像处理。这里它的主要任务是改变图像尺寸、截取图像、为图像添加圆形标注。

3）"OpenCV"库能够对图像和视频进行处理，这里它的主要任务是获取摄像头的画面（帧）以及对图像进行高斯模糊。

4）"face_recognition" 库是最关键的部分，它的任务是完成人脸识别。它能够从图片中识别人脸，并输出由 128 个特征数值组成的特征数组（Array）。通过对两张图片中人脸特征的对比，完成对人脸的识别。

但是，需要注意的是，"face_recognition" 库依赖于 "dlib" 库，而 "dlib" 库又依赖于 "CMake" 库。所以，安装这些库时，需要按顺序进行。执行如下命令。

```
pip install pillow
pip install opencv-python
pip install cmake  # 依赖
pip install dlib  # 依赖
pip install face_recognition
```

完成库的安装之后，我们先不着急编写 "人脸识别器" 的代码，因为还有一些准备工作要做。

首先，在项目文件夹内创建一个 "样本图像" 文件夹，里面放入一些人物图片作为特征采集的样本，并且图片的名称是这些人物的姓名。注意，样本图片的脸部一定要正面、清晰，这样我们编写代码的过程会更加愉快，如图 9-20 所示。

图 9-20 样本图片

然后，我们准备一个 "样本数据库"，并创建 "样本信息表"，来保存人物的 "姓名" 和脸部 "特征" 数据。

```
数据库文件 = ("样本数据库.db")
连接 = sqlite3.connect(数据库文件)
游标 = 连接.cursor()
建表语句 = """CREATE TABLE 样本信息(
    姓名   TEXT   NOT NULL,
    特征   BLOB   PRIMARY KEY
```

```
        );
        """"
    游标.execute(建表语句)
    连接.close()
```

示例代码中，我们见到了一种新的数据类型"BLOB"，这种数据类型会原样存储数据，不做任何类型转换。之所以使用这种数据类型，是因为人脸"特征"数据是字节类型的数组，如果存储时被转换了类型，从数据库取出之后，还要进行还原，比较麻烦。

9.2.1　编写核心代码——基于 face_recognition/OpenCV2/PIL

有了样本图片和存储样本信息的数据库之后，我们开始编写"人脸识别.py"的核心代码，也就是"人脸识别"类。

首先，引入需要使用的模块。

```
import face_recognition
import cv2    # 导入 opencv 模块
import os    # 导入 os 模块是为了调用操作系统功能，用于获取文件夹中的文件
import numpy
from PIL import Image, ImageDraw
from 数据表操作 import 数据表访问器
```

然后，编写"人脸识别"类的方法。

1. "__init__"方法

在"__init__"方法中，我们需要创建一些属性。

1）"样本路径"属性，用于读取路径下的样本图片，获取样本信息。

2）"样本姓名列表"属性，用于存储样本图片对应的姓名。

3）"样本特征列表"属性，用于存储样本图片中人脸的特征数据。

4）"目标图片"属性，用于存储被识别的图片对象。

5）"访问器"属性，用于创建"数据表访问器"类的对象，当对象创建后，需要指定访问的数据表名称。

并且，还要在初始化阶段完成全部样本信息的创建。

```
class 人脸识别:
    def __init__(self, 样本路径 = "./样本图像/"):
        self.样本路径 = 样本路径
```

```
        self.样本姓名列表 = []
        self.样本特征列表 = []
        self.目标图片 = None
        self.访问器 = 数据表访问器("样本数据库.db")
        self.访问器.表名 = "样本信息"
        self.创建全部样本()
```

2. "存储样本数据"方法

创建全部样本数据的过程比较缓慢。为了不必每次打开程序都要创建一次样本数据，我们可以在首次打开程序时，完成样本数据的创建，并存入数据库中。之后，再次打开程序时，只需要从数据库中读取样本数据，从而加快程序的启动速度。

```
    def 存储样本数据(self):
        数据列表 = [*zip(self.样本姓名列表, self.样本特征列表)]  # 将"姓名"与"特征"混合成元组列表
        self.访问器.批量添加数据(数据列表)
```

Zip：拉链

Python 内置的"zip"函数能够将多个可迭代对象中相同位置的元素打包成一个一个的元组。并且，可以使用星号"*"对"zip"对象进行解压缩。如果两个迭代对象元素数量不同，较长的迭代对象中多余的元素会被抛弃。

测试一下。

```
>>> 字符串 = "男女女男女"
>>> 列表 = ["小楼", "小萌", "小糖"]
>>> 元组 = (20, 19, 18, 20, 18)
>>> [*zip(列表, 字符串, 元组)]
[('小楼', '男', 20), ('小萌', '女', 19), ('小糖', '女', 18)]
```

3. "读取样本数据"方法

每次启动程序时都需要获取全部样本数据。如果从数据库中读取到了数据，就将数据分别存入"样本名称列表"和"样本特征列表"，供之后进行识别时使用。

这里需要注意，在向数据库存储"特征"数据时，"特征"数据是数组（array）类型，并不能直接存入数据库中，所以以字节形式进行存储。当我们从数据库中取出数据后，要将字节恢复为数组类型。此时，需要使用"numpy"模块中的"frombuffer"方法进行转换。

```
    def 读取样本数据(self):
        if 数据 := self.访问器.查询多条数据():     # 判断查询到了数据，并使用海象运算符将查询结果
```

赋值到"数据"变量

```
                for 姓名, 特征 in 数据:                    # 遍历查询到的数据
                    特征 = numpy.frombuffer(特征, "float64")          # 将"特征"数据中的所有元素转
换为"float64"的小数类型，并形成"ndarray"数组
                    self.样本姓名列表.append(姓名)  # 将名称添加到"样本姓名列表"
                    self.样本特征列表.append(特征)  # 将特征添加到"样本特征列表"
                return True  # 返回值为真，表示从数据库中读取到了样本数据
```

Buffer：缓存区

4."创建全部样本"方法

在程序启动获取全部样本数据时，如果没有从数据库读取到任何数据，则使用"样本图像"文件夹中的图片进行样本数据的创建。

```
        def 创建全部样本(self):
            if not self.读取样本数据():        # 如果没有从数据库中读取到样本数据
                for 图片名称 in os.listdir(self.样本路径):  # 获取"样本图像"文件夹中所有的文件名称
                    图片 = face_recognition.load_image_file(self.样本路径 + 图片名称)  # 读取图片文
件，创建图片对象
                    特征 = face_recognition.face_encodings(图片)[0]  # 从"图片"对象中获取包含 128
个脸部特征值的列表的数组
                    self.样本姓名列表.append(图片名称.split(".")[0])    # 获取"图片名称"前缀（去除扩
展名）添加到样本名称列表
                    self.样本特征列表.append(特征)        # 将特征数组添加到样本特征列表
                self.存储样本数据()
```

5."清理全部样本"方法

当样本数据需要更新时，则要删除数据库中已有的样本数据，并清空"样本姓名列表"和"样本特征列表"。

```
        def 清理全部样本(self):
            self.访问器.删除数据()
            self.样本姓名列表 = []
            self.样本特征列表 = []
```

6."图片识别"方法

在"创建全部样本"方法中，读取图片文件的"load_image_file"方法，会返回一个"ndarray"类

型的数组。所以，在进行"图片识别"时，传入的"图片"参数也需要转换为"ndarray"数组类型，以便传入"face_recognition"模块的其他方法中。

"图片识别"方法是顺序的识别过程，由上至下阅读代码注释，即可理解这个功能是如何实现的。

```
def 图片识别(self, 图片):
    self.目标图片 = Image.fromarray(图片)    # 将图片对象转换为"ndarray"数组
    位置列表 = face_recognition.face_locations(图片)    # 获取图片中所有人的脸部位置(下,左,上,右)
    特征列表 = face_recognition.face_encodings(图片, 位置列表)    # 根据人脸位置获取图片中所
有人的脸部特征数组
    姓名列表 = []    # 存储图片中所有人的姓名
    for 特征 in 特征列表:    # 遍历特征列表
        匹配结果 = face_recognition.compare_faces(self.样本特征列表, 特征, tolerance = 0.4)
        # 当前特征与全部样本特征进行匹配的结果（真假值列表），容错值推荐为 0.6，越小越严格
        姓名 = "未知"    # 定义没有匹配到样本的姓名
        if True in 匹配结果:    # 如果匹配结果中包含真值（与全部样本进行匹配时有相匹配的样本
存在）
            位置 = 匹配结果.index(True)    # 通过真值找到匹配成功的样本序号
            姓名 = self.样本姓名列表[位置]    # 通过匹配成功的样本序号找到样本的姓名
        姓名列表.append(姓名)    # 将姓名添加到列表
    位置列表 = [((位置[3],) + 位置[:3] for 位置 in 位置列表]    # "face_locations"方法获取的位
置列表中保存的是(上,右,下,左)格式的元组，需要转换为(左,上,右,下)的格式
    self.识别结果 = [*zip(姓名列表, 位置列表)]    # 创建新的对象属性保存识别结果
```

7."处理图片外形"方法

"处理图片外形"方法用于改变图片的尺寸和形状。它不需要调用实例对象，所以装饰为静态方法。

"图片"参数，需要传入一个"PIL.Image.Image"对象，也就是通过"PIL"模块的"Image"类所创建的图片对象。这种类型的图片对象能够通过"size"属性获取图片对象的尺寸元组。

"尺寸"参数在调整图片尺寸时传入，根据传入的尺寸（宽和高），调用"图片"的"resize"方法创建新尺寸的"图片"对象。如果没有传入"尺寸"，则从"图片"对象获取尺寸。

根据参数"图片"对象的尺寸，使用"Image"类的"new"方法创建一个"透明层"，再通过"ImageDraw"类的"Draw"方法，对"透明层"进行绘制。如果"圆形"参数为真值，则绘制非透明部分为圆形，否则为方形。最后，通过"putalpha"方法将"透明层"中透明的部分放置到"图片"对象中，用透明部分替换掉同位置的图片内容。

```
@staticmethod
def 处理图片外形(图片, 圆形 = False, 尺寸 = None):
    if 尺寸:
        宽, 高 = 尺寸
        图片 = 图片.resize(尺寸)
    else:
        宽, 高 = 图片.size
    透明层 = Image.new('L', (宽, 高), 0)        # 创建新图像，"L" 为模式，"0" 为透明
    绘制 = ImageDraw.Draw(透明层)    # 指定绘制目标为透明层
    if 圆形:
        绘制.ellipse((0, 0, 宽, 高), fill = 255)
    else:
        绘制.rectangle((0, 0, 宽, 高), fill = 255)
    图片.putalpha(透明层)
    return 图片
```

New：新建

Draw：绘制

Ellipse：椭圆形

Put：放置

Alpha：透明

8. "获取头像列表" 方法

"获取头像列表" 方法的功能是从被识别的目标图片中，将全部人脸部分取出，作为程序界面右侧列表中的头像，并与姓名相对应。

当进行 "图片识别" 后，实例对象会包含 "识别结果" 属性，属性中是包含姓名与脸部位置元组的列表。遍历 "识别结果" 能够得到这些 "姓名" 以及脸部 "位置"，根据脸部 "位置" 就能从被识别的 "目标图片" 中截取出人脸部分，经过尺寸与形状的处理得到 "头像"，再将 "姓名" 与 "头像" 存入 "头像列表" 后返回。

```
def 获取头像列表(self, 圆形 = False, 尺寸 = (30, 30)):
    头像列表 = []
    for 姓名, 位置 in self.识别结果:        # 遍历包含姓名与人脸位置元组的列表
        截图 = self.目标图片.crop(位置)        # 裁剪出被识别图片中指定位置的人脸图片
        头像 = self.处理图片外形(截图, 圆形, 尺寸)        # 对人脸图片进行处理得到头像
        头像列表.append((姓名, 头像))        # 以元组形式将姓名以及对应的头像存入头像列表
    return 头像列表        # 返回头像列表
```

Crop：裁剪

9. "标注识别区域"方法

"标注识别区域"方法用于在被识别的图片上画圈圈，把人脸部分全部圈出来。

如果"模糊"参数传入真值，就通过"cv2"模块的"GaussianBlur"函数进行高斯模糊处理。"GaussianBlur"函数需要提供 3 个必选参数和 1 个可选参数，第 1 个参数是图片数组；第 2 个参数是高斯核尺寸元组，需要是奇数；第 3 个参数是高斯核 x 轴标准偏差；第 4 个参数是可选参数，填入高斯核 y 轴标准偏差，省略时与 x 轴相同。高斯核尺寸和偏差都会影响模糊程度，数值越小模糊程度越低。

然后，对"图片"对象进行绘制，从"识别结果"中遍历出所有的脸部"位置"，在所有脸部"位置"绘制没有填充只有轮廓的圆形。将绘制完的图片对象转换为数组形式返回。

```
def 标注识别区域(self,模糊 = False):
    图片 = self.目标图片
    if 模糊：  # 如果需要模糊处理
        模糊图片 = cv2.GaussianBlur(numpy.array(self.目标图片), (45, 45), 15)   # 进行高斯模糊处理
        图片 = Image.fromarray(模糊图片)              # 转换数组为图片对象
    绘图 = ImageDraw.Draw(图片)                       # 指定绘制目标为图片对象
    for 姓名, 位置 in self.识别结果:                   # 遍历获取所有脸部位置
        绘图.ellipse(位置, outline = (255, 255, 255))  # 根据位置在图片上绘制白色圆圈
    return numpy.array(图片)                          # 返回图片数组
```

Gaussian：高斯的

Blur：模糊

Outline：轮廓

10. "打开摄像头"方法

可以通过"cv2"模块的"VideoCapture"类创建"捕获"对象。第 1 个参数为"0"时，表示从摄像头捕获，如果填入本地文件路径，则从视频文件捕获。捕获摄像头时，第 2 个参数需要填入"cv2.CAP_DSHOW"，表示捕获流媒体，不填会报错。

```
def 打开摄像头(self):
    self.捕获 = cv2.VideoCapture(0, cv2.CAP_DSHOW)
```

Video：视频

Capture：捕获

DShow（*DirectShow*）：流媒体

11."关闭摄像头"方法

调用"捕获"对象的"release"方法可以关闭摄像头。

```
def 关闭摄像头(self):
    self.捕获.release()
```

Release：释放

12."获取图像帧"方法

进行摄像头识别时，需要通过对"捕获"对象帧进行读取，获取图像帧。

```
def 获取图像帧(self):
    _, 帧 = self.捕获.read()   # 返回值为元组，第 1 个元素为是否获取成功的真假值，本程序中没
有用到，所以用下画线丢弃
    return 帧
```

13."获取摄像头图像"方法

获取的图像"帧"是一个图片数组，需要转换为"图片"对象返回。

```
def 获取摄像头图像(self):
    图片 = Image.fromarray(self.获取图像帧())
    return 图片
```

到这里，人脸识别器的功能代码就编写完了。

如果想更多了解"face_recognition"，可以查阅这个工具的说明文档，文档地址为https://github.com/ageitgey/face_recognition。

9.2.2　创建程序界面

仍然使用"wxFormBuilder"创建程序界面。

新建一个项目，名称叫作"人脸识别器"。

1. 添加窗口

添加"Frame"控件，设置名称和标题为"人脸识别器"，尺寸、最大尺寸和最小尺寸的宽高都设置为"800"和"560"，如图 9-21 所示。

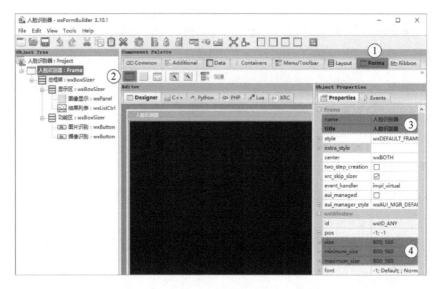

图 9-21　添加窗口控件

2. 添加总框架

添加"wxBoxSizer"控件，命名为"总框架"，默认垂直布局不变，如图 9-22 所示。

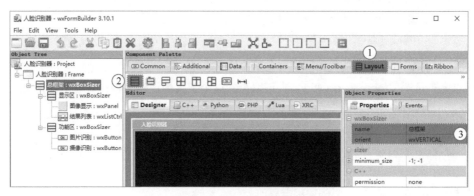

图 9-22　添加总框架控件

3. 添加显示区

添加"wxBoxSizer"控件，命名为"显示区"，设置为水平布局"wxHORIZONTAL"，如图 9-23 所示。

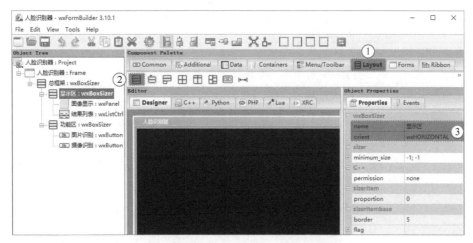

图 9-23　添加显示区控件

4．添加面板

添加"wxPanel"控件，命名为"图像显示"，宽高设置为"640"和"480"，背景颜色选择自定义颜色"Custom"，设置为黑色，如图 9-24 所示。

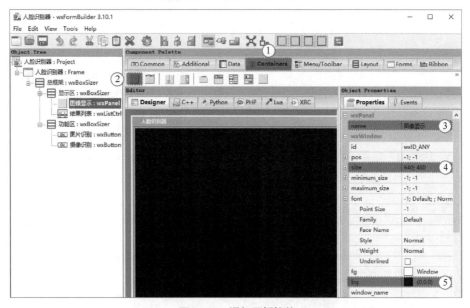

图 9-24　添加面板控件

5．添加列表

添加"wxListCtrl"控件，命名为"结果列表"，宽高设置为"120"和"480"，字体（font）设置为"13"号字"隶书"，背景颜色选择自定义颜色"Custom"，设置为黑色，如图9-25所示。

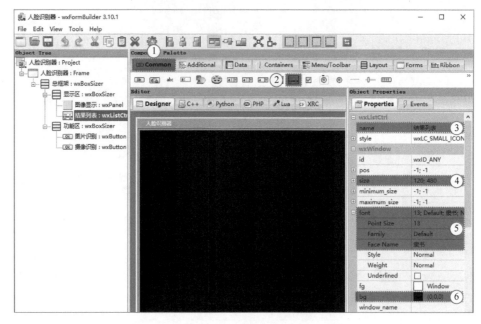

图 9-25　添加列表控件

6．添加功能区

添加"wxBoxSizr"控件，命名为"功能区"，设置为水平布局。具体设置参考图9-23。

7．添加按钮

添加"wxButton"控件，将名称和文字设置为"图片识别"，如图9-26所示。

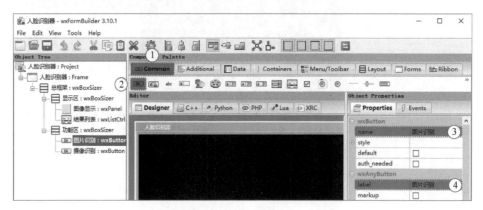

图 9-26　添加按钮控件

再次添加"wxButton"控件，将名称和文字设置为"摄像识别"。具体设置参考图 9-26。

8. 添加菜单栏

添加"wxMenuBar"控件，名称设置为"菜单栏"。此时，在程序界面顶部会出现空白的菜单栏，如图 9-27 所示。

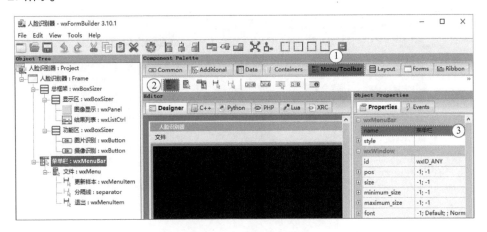

图 9-27　添加菜单栏控件

9. 添加菜单

添加"wxMenu"控件，名称和文字设置为"文件"。此时，菜单栏出现"文件"菜单，如图 9-28 所示。

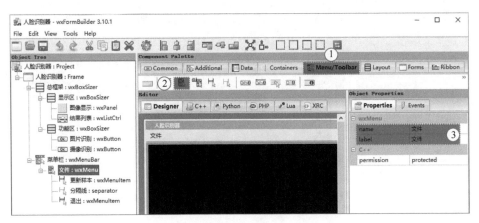

图 9-28　添加菜单控件

10．添加菜单项

添加"wxMenuItem"控件，名称和文字设置为"更新样本"。此时，"文件"菜单中出现菜单项"更新样本"，如图 9-29 所示。

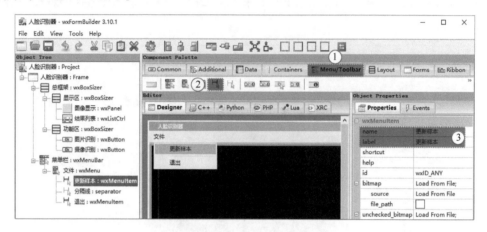

图 9-29　添加菜单项控件

11．添加分隔线

添加"separator"控件，名称设置为"分隔线"，通过分隔线分隔菜单项，如图 9-30 所示。

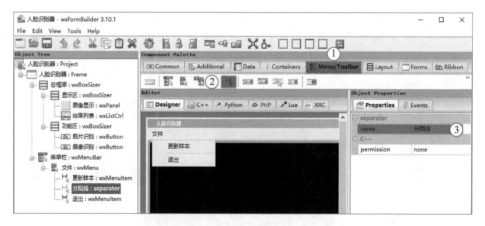

图 9-30　添加分隔线控件

12．添加菜单项

再次添加"wxMenuItem"控件，名称和文字设置为"退出"，设置操作参考图 9-29。

13. 添加状态栏

添加 "wxStatusBar" 控件，名称设置为 "状态栏"，用于显示程序的某些状态，如图 9-31 所示。

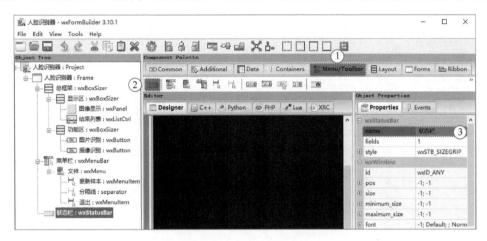

图 9-31　添加状态栏控件

14. 绑定事件方法

单击按钮时会触发事件，需要与相应的处理方法进行绑定。

以 "图片识别" 按钮为例，在 "Events"（事件）设置中，添加 "OnButtonClick"（单击按钮时）事件绑定的方法名称，如 "启用图片识别"，如图 9-32 所示。

图 9-32　绑定事件的处理方法

另外，菜单项同样可以绑定事件的处理方法，如图 9-32 所示。

设置完毕之后，在自动生成的代码中，就会包含控件事件的绑定代码以及相应的方法定义。这些方法需要在完成界面代码后进行编写，实现相应的功能，如图 9-33 所示。

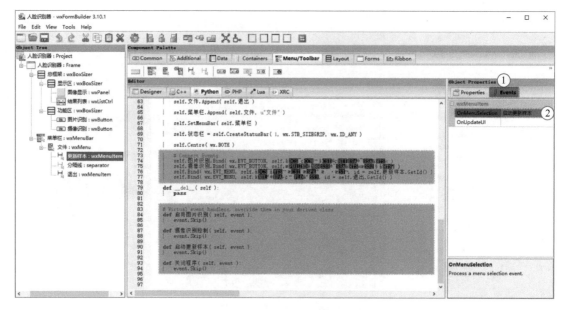

图 9-33　自动生成的代码

注意，自动生成的代码中会有一些中文乱码，需要手动修改。

完整的界面代码如下，带有注释的部分是增加的内容。程序界面需要使用的图标来自网络，下载地址为 http://www.icosky.com/icon/ico/Internet & Web/EPCOT Network Nodes/Universe of Energy.ico。

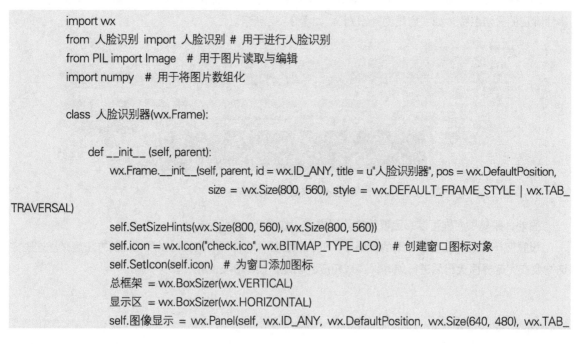

```
TRAVERSAL)
            self.图像显示.SetBackgroundColour(wx.Colour(0, 0, 0))
            显示区.Add(self.图像显示, 0, wx.ALL, 5)
            self. 结 果 列 表  = wx.ListCtrl(self, wx.ID_ANY, wx.DefaultPosition, wx.Size(120, 480),
wx.LC_SMALL_ICON)
            self.结果列表.SetFont(wx.Font(13, wx.FONTFAMILY_DEFAULT, wx.FONTSTYLE_NORMAL,
wx.FONTWEIGHT_NORMAL, False, "隶书"))
            self.结果列表.SetBackgroundColour(wx.Colour(0, 0, 0))
            self.结果列表.SetTextColour((255, 255, 255))   # 设置列表项文字颜色为白色
            显示区.Add(self.结果列表, 0, wx.ALL, 5)
            总框架.Add(显示区, 1, wx.EXPAND, 5)
            功能区  = wx.BoxSizer(wx.HORIZONTAL)
            self.图片识别 = wx.Button(self, wx.ID_ANY, u"图片识别", wx.DefaultPosition, wx.DefaultSize, 0)
            功能区.Add(self.图片识别, 0, wx.ALL, 5)
            self.摄像识别 = wx.Button(self, wx.ID_ANY, u"摄像识别", wx.DefaultPosition, wx.DefaultSize, 0)
            功能区.Add(self.摄像识别, 0, wx.ALL, 5)
            总框架.Add(功能区, 0, 0, 5)


            self.SetSizer(总框架)
            self.Layout()


            self.菜单栏  = wx.MenuBar(0)
            self.文件  = wx.Menu()
            self.更新样本 = wx.MenuItem(self.文件, wx.ID_ANY, u"更新样本", wx.EmptyString, wx.ITEM_NORMAL)
            self.文件.Append(self.更新样本)
            self.文件.AppendSeparator()
            self.退出 = wx.MenuItem(self.文件, wx.ID_ANY, u"退出", wx.EmptyString, wx.ITEM_NORMAL)
            self.文件.Append(self.退出)
            self.菜单栏.Append(self.文件, u"文件")
            self.SetMenuBar(self.菜单栏)


            self.状态栏  = self.CreateStatusBar( 1, wx.STB_SIZEGRIP, wx.ID_ANY )


            self.Centre(wx.BOTH)


            self.SetDoubleBuffered(True)   # 开启双缓存，避免摄像画面闪烁


            self.图片识别.Bind(wx.EVT_BUTTON, self.启用图片识别)   # 按钮绑定方法
```

```
        self.摄像识别.Bind(wx.EVT_BUTTON, self.摄像识别控制)   # 按钮绑定方法
        self.Bind(wx.EVT_MENU, self.启动样本更新, id = self.更新样本.GetId())   # 菜单绑定方法
        self.Bind(wx.EVT_MENU, self.关闭程序, id = self.退出.GetId())   # 菜单绑定方法


        self.识别器 = 人脸识别()   # 获取人脸识别类的对象
        self.静态位图 = wx.StaticBitmap(self.图像显示, bitmap = wx.Bitmap(640, 480))   # 创建图像
显示区域的初始空白图像
        self.静态位图.Centre()   # 居中显示
        self.摄像识别开关 = False   # 设置摄像头控制
```

9.2.3　完成功能代码

功能代码包含 3 个部分。

1．对一张图片进行人脸识别

（1）"图片转位图"方法

在 wxPython 的控件上中显示图片，需要将图片转换为位图"Bitmap"类型。这个方法与对象实例无关，可以定义为静态方法。

将图片转换为位图，需要先根据被转换"图片"的尺寸，创建一个空白的"wx.Image"，也就是wxPython 的"图像"对象。然后读取被转换"图片"的数据，填入空白图像中。再将"图像"转换为位图。

```
    @staticmethod
    def 图片转位图(图片):
        图像 = wx.Image(*图片.size)          # 创建空白图像
        数据 = 图片.convert('RGB').tobytes()   # 获取图片颜色数据
        图像.SetData(数据)                    # 将颜色数据填入空白图像
        位图 = 图像.ConvertToBitmap()         # 将 Iamge 图像转换为 Bitmap 类型
        return 位图                          # 返回位图
```

Byte：字节

Bitmap：位图

（2）"图片尺寸计算"方法

如果图片太大的话，需要将图片同比例缩小到适合的尺寸。"640"和"480"是"图像显示"面板的固定尺寸，宽高比是"4:3"。如果图片的宽或高超出这个尺寸，就需要根据图像的宽高比进行缩小。如果过宽就将宽度调整为"640"，高度同比调整；如果过高，就将高度调整为"480"，宽度同比调整。

```
@staticmethod
def 图片尺寸计算(宽, 高):
    if 宽 > 640 or 高 > 480:              # 如果宽或高超出固定尺寸
        if 宽 / 高 > 4 / 3:              # 如果宽高比大于 4:3
            高 = int(高 / 宽 * 640)      # 高度等比缩小
            宽 = 640
        else:                           # 否则
            宽 = int(宽 / 高 * 480)      # 宽度等比缩小
            高 = 480
    return 宽, 高
```

（3）"读取本地图片"方法

识别图片中人脸需要先读取图片，读取图片需要先弹出本地文件选择的"对话框"。通过"对话框"选择文件，获取到目标"图片路径"。然后，通过"图片路径"读取目标"图片"。如果目标图片尺寸太大的话，将图片同比例缩小到适合的尺寸。最后需要把目标"图片"转换为"目标图片"数组与"位图"。

```
def 读取本地图片(self):
    对话框 = wx.FileDialog(self, "打开", wildcard = "图像文件(*.jpg)|*.jpg", style = wx.FD_OPEN |
wx.FD_FILE_MUST_EXIST)                          # 创建对话框
    对话框.ShowModal()                          # 显示对话框
    if 图片路径 := 对话框.GetPath():            # 判断路径存在并赋值到变量
        图片 = Image.open(图片路径)             # 打开图片获取图片对象
        宽, 高 = self.图片尺寸计算(*图片.size)   # 计算图片尺寸
        if (宽, 高) != 图片.size:                # 如果计算后的尺寸与原尺寸不同
            图片 = 图片.resize((宽, 高))         # 调整图片尺寸
        self.目标图片 = numpy.array(图片)        # 创建图片数组对象
        self.位图 = self.图片转位图(图片)         # 创建位图对象
```

Wildcard：通配符

（4）"设置图像显示"方法

读取的图片需要显示在"图像显示"面板上。因为可能多次打开不同的图片，所以需要先将之前的图片清除，再将新的图片显示出来。

```
def 设置图像显示(self):
    self.静态位图.Destroy()   # 销毁旧的静态位图
    self.静态位图 = wx.StaticBitmap(self.图像显示, wx.ID_ANY, self.位图, size = (640, 480))  # 创建
新的静态位图
```

速学 Python：程序设计从入门到进阶

Destroy：销毁

（5）"获取识别结果"方法

读取到图片之后，需要进行人脸识别。通过"识别器"识别"目标图片"，如果得到识别结果，就将结果返回。

```
def 获取识别结果(self):
    self.识别器.图片识别(self.目标图片)    # 识别目标图片
    if 识别结果 := self.识别器.获取头像列表():    # 如果得到识别结果，则赋值到变量
        return 识别结果    # 返回识别结果
```

（6）"填充结果列表"方法

通过图片识别得到的识别结果是一个"列表"。我们需要先创建一个"wx.ImageList"类型的"头像列表"对象，然后从识别结果"列表"中逐一取出"头像"，转换为位图类型后，添加到图片列表中。但是，如果想在"结果列表"控件上显示头像，需要将"wx.ImageList"类型的"头像列表"分配给"结果列表"控件。分配之后，再次遍历识别结果"列表"，为"结果列表"控件插入列表项，每个列表项都需要指定项、姓名、头像图片的索引。

```
def 填充结果列表(self, 列表):
    头像列表 = wx.ImageList(30, 30)    # 创建头像列表，指定图片尺寸
    for 姓名, 头像 in 列表:    # 遍历识别结果列表
        头像 = self.图片转位图(头像)    # 将头像转换为位图类型
        头像列表.Add(头像)    # 添加头像到头像列表
    self.结果列表.AssignImageList(头像列表, wx.IMAGE_LIST_SMALL)    # 将头像列表分配到结果列表控件
    for 元素 in 列表:    # 再次遍历结果列表
        姓名, 头像 = 元素    # 获取姓名
        self.结果列表.InsertItem(列表.index(元素), 姓名, 列表.index(元素))    # 将列表项插入结果列表控件中，参数为列表项的索引，列表项显示的文字和列表项中图片的索引
```

（7）"标注原图"方法

完成图片识别之后，需要在原图的人脸位置画圈圈，画完圈圈的图片需要替换掉当前显示的位图，并刷新显示。

```
def 标注原图(self, 模糊 = False):
    图片 = self.识别器.标注识别区域(模糊)    # 获取标注后的图片
    self.位图.CopyFromBuffer(图片)    # 从缓存复制图片为位图
    self.Refresh()    # 刷新窗口显示新的位图
```

（8）"启用图片识别"方法

编写完前面的方法后，就可以继续完成"图片识别"按钮单击事件所绑定的"启用图片识别"方法了。

因为图片识别可以进行多次，所以每次识别时都要清空"结果列表"中的识别结果。

```
def 启用图片识别(self, 事件):
    self.结果列表.DeleteAllItems()         # 删除全部列表项
    self.读取本地图片()
    self.设置图像显示()
    if 识别结果 : = self.获取识别结果():     # 如果得到识别结果赋值到变量
        self.填充结果列表(识别结果)
        self.标注原图()
```

2. 通过摄像头进行人脸识别

（1）"捕获摄像头"方法

通过"识别器"打开摄像头，并获取摄像头图像创建"图片"。将"图片"转换为"位图"，以便在程序界面上显示。

```
def 捕获摄像头(self):
    self.识别器.打开摄像头()
    图片 = self.识别器.获取摄像头图像()
    self.位图 = self.图片转位图(图片)
```

（2）"显示下一帧"方法

每一次使用"识别器"捕获摄像头一帧图像之后，都需要继续捕获下一帧图像，并显示在程序界面上，这样才能形成连贯的视频。而且，每一帧图像都需要返回，作为进行人脸识别的"目标图片"。

```
def 显示下一帧(self):
    帧 = self.识别器.获取图像帧()
    self.位图.CopyFromBuffer(帧)          # 将图像帧转为位图
    self.Refresh()                        # 刷新程序界面显示
    return 帧                             # 返回帧
```

（3）"关闭摄像识别"方法

当完成人脸识别或者主动关闭摄像识别时，需要停止图像捕捉，关闭摄像头，并将"摄像识别开关"变更为关闭状态。

```
def 关闭摄像识别(self):
    self.定时器.Stop()        # 打开摄像识别时，会创建定时器对象，并启动定时器
```

```
        self.识别器.关闭摄像头()
        self.摄像识别开关 = False
```

Stop：停止

（4）"摄像头识别"方法

在不停捕获摄像头图像的过程中，每一帧图片都需要进行识别，如果识别成功则显示结果，标注识别成功的图像，并关闭摄像识别。

```
def 摄像头识别(self, 事件):
    self.目标图片 = self.显示下一帧()          # 获取图像帧作为人脸识别的目标图片
    if 识别结果 := self.获取识别结果():          # 如果有识别结果就赋值到变量
        self.填充结果列表(识别结果)             # 使用识别结果填充结果列表控件
        self.标注原图(模糊 = True)              # 标注识别成功的一帧图片，并对人脸进行高斯模糊
        self.关闭摄像识别()
```

（5）"摄像识别控制"方法

单击"摄像识别"按钮时，会触发按钮单击事件，从而调用"摄像识别控制"方法。从功能上来说，正在摄像识别时，再次单击"摄像识别"按钮会关闭摄像识别。所以，通过"摄像识别开关"来记录当前状态。如果"摄像识别开关"为真值，即摄像识别已打开，则清除程序界面上显示的图像，用空白"静态位图"代替，并且关闭摄像识别，结束方法，等待用户下一个操作。否则，记录"摄像识别开关"为开启状态；清除"结果列表"中的上一次识别结果；开始捕获摄像头，将第一帧图像显示到程序界面。

为了持续显示摄像头的每一帧图像，需要创建一个"定时器"，并将它开启。

但是，此时程序并不知道需要循环执行哪一个方法，需要将"摄像头识别"方法和定时器与程序界面的定时触发事件进行绑定。

```
def 摄像识别控制(self, 事件):
    if self.摄像识别开关:                    # 如果摄像识别开启
        self.静态位图.Destroy()             # 清除界面中显示的图像
        self.静态位图 = wx.StaticBitmap(self.图像显示, bitmap = wx.Bitmap(640, 480))  # 创建空白
图像进行显示
        self.关闭摄像识别()
        return                           # 结束方法
    self.摄像识别开关 = True              # 记录为开启状态
    self.结果列表.DeleteAllItems()        # 删除结果列表的全部列表项
    self.捕获摄像头()                      # 开始摄像头图像捕获
    self.设置图像显示()                    # 第一帧图像显示到程序界面
```

```
self.定时器 = wx.Timer(self)          # 创建定时器
self.定时器.Start()                    # 启动定时器
self.Bind(wx.EVT_TIMER, self.摄像头识别, self.定时器)  # 绑定程序界面的定时触发事件
```

3. 菜单功能

（1）"启用样本更新"方法

在选择"文件"菜单中的"更新样本"选项时，需要对数据库中的样本进行更新。最简单的方法就是删除之前的全部样本，获取当前的全部样本数据并添加进去。

另外，因为样本更新时间较长，并且需要知道是否完成更新任务，所以需要在执行更新任务的每一个步骤为状态栏添加不同的显示文本。

```
def 启动样本更新(self, 事件):
    self.状态栏.SetStatusText("正在清理原有样本数据...")
    self.识别器.清理全部样本()
    self.状态栏.SetStatusText("正在创建新的样本数据...")
    self.识别器.创建全部样本()
    self.状态栏.SetStatusText("全部样本数据创建完成...")
```

Status：状态

（2）"关闭程序"方法

在关闭程序时，如果摄像识别是开启状态，会导致程序无法正常关闭，所以需要调用"关闭摄像识别"方法后再退出程序。但是，如果没有开启摄像识别，调用"关闭摄像识别"方法会引发异常，这个异常不需要做任何处理，仍然退出程序就可以了。

```
def 关闭程序(self, 事件):
    try:  # 捕获异常
        self.关闭摄像识别()
    except:  # 如果出现异常
        ...
    wx.Exit()  # 退出程序
```

Exit：退出

（3）"__init__"方法

在单击程序界面的关闭按钮时，也要调用"关闭程序"方法，所以要在"__init__"方法中对关闭事件进行方法绑定。

```
self.Bind(wx.EVT_CLOSE, self.关闭程序)
```

现在，我们就可以运行"人脸识别器"进行人脸识别了。

```python
if __name__ == "__main__":
    程序 = wx.App()
    界面 = 人脸识别器(None)
    界面.Show(True)
    程序.MainLoop()
```

最后，我们来看一下"人脸识别器"类的完整结构。

```python
class 人脸识别器(wx.Frame):

    def __init__(self, parent):...
    @staticmethod
    def 图片转位图(图片):...
    @staticmethod
    def 图片尺寸计算(宽, 高):...
    def 读取本地图片(self):...
    def 设置图像显示(self):...
    def 获取识别结果(self):...
    def 填充结果列表(self, 列表):...
    def 标注原图(self, 模糊 = False):...
    def 启用图片识别(self, 事件):...
    def 捕获摄像头(self):...
    def 显示下一帧(self):...
    def 关闭摄像识别(self):...
    def 摄像头识别(self, 事件):...
    def 摄像识别控制(self, 事件):...
    def 启动样本更新(self, 事件):
    def 关闭程序(self, 事件):...
```

9.3 玩转 Web 接口——图像效果增强器

是否可以把一张黑白照片变成彩色照片？当然没有问题。

我们一起编写一个图像效果增强器，能够对图片进行各种效果的处理。如果完全通过自己编写代码，对图像进行处理就比较困难。但是，作为一名 Python 语言爱好者，这并不是什么难题，百度智能云提供了图像增强与特效的应用程序编程接口（Application Programming Interface，API）。我们需要做的只是创建程序界面，然后调用 API，就能实现想要的各种功能。

9.3.1　申请百度智能云 API

如果想使用百度智能云的 API，需要先进行账号注册。如果已拥有百度账号，则可以直接登录。注册与登录地址为 https://login.bce.baidu.com/。

登录账号之后，在页面左侧菜单的"产品服务"列表中，找到"图像增强与特效"的选项并打开，如图 9-34 所示。

图 9-34　选择百度智能云的产品服务

在"图像增强与特效"页面中，单击"创建应用"按钮创建一个新的应用，如图 9-35 所示。

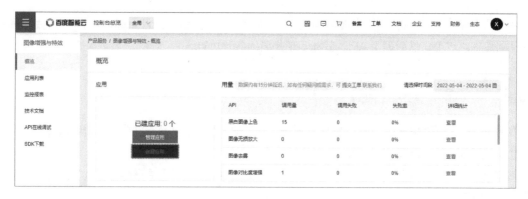

图 9-35　图像增强与特效页面

在"创建应用"页面中，填写应用名称，选择应用归属为"个人"，填写简单的"应用描述"，单击"立即创建"按钮，就完成了应用的创建，如图 9-36 所示。

图 9-36　创建应用

完成应用创建之后，回到"应用列表"界面，就能看到应用的重要信息。"API Key"和"Secret Key"是我们调用 API 必需的信息，需要妥善保存，不可泄露，以免账号资源被盗用，如图 9-37 所示。

图 9-37　应用列表界面

9.3.2　使用软件开发工具包——基于 baidu-aip

百度智能云提供了面向 Python 的软件开发工具包（Software Development Kit，SDK），也就是第三方库，可以非常简单地实现 API 的调用。

先看一下 SDK 的说明文档，如图 9-38 所示。SDK 说明文档的地址为 https://ai.baidu.com/ai-doc/IMAGEPROCESS/ck3bclu2u。

图 9-38　SDK 说明文档

根据说明文档的指引，先安装 SDK。

```
pip install baidu-aip
```

然后，新建一个 Python 项目文件，引用 "aip" 库中的 "AipImageProcess" 类。通过对 "AipImageProcess" 类进行实例化创建 "客户端"。

功能的实现也很简单，以 "人像动漫化" 功能为例。

继续看 SDK 文档的 "接口说明" 部分，直接复制代码，如图 9-39 所示，文档地址为 https://ai.baidu.com/ai-doc/IMAGEPROCESS/Uk3bcltn4#人物动漫化。

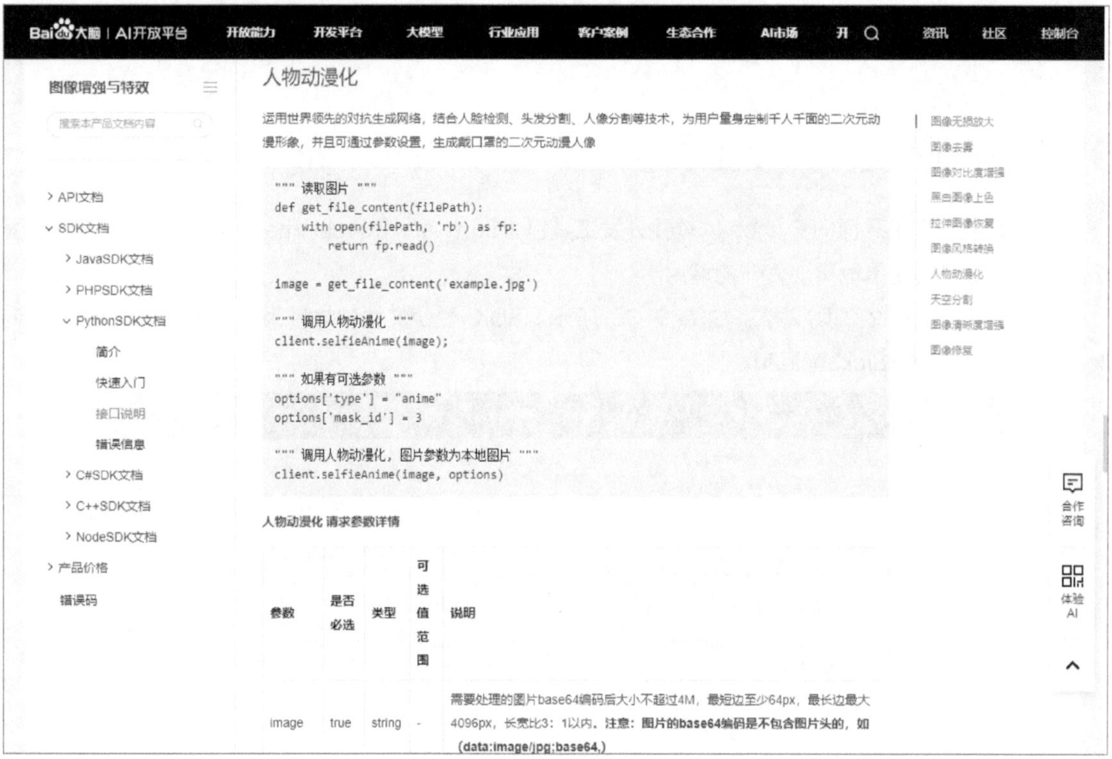

图 9-39 SDK 接口说明

在 "接口说明" 文档中，对于调用 API 传入的请求参数以及返回数据都有详细的说明，只需要根据说明操作即可，如图 9-40 所示。

图 9-40　请求参数与返回数据说明

最后，全部的代码如下。

```
from aip import AipImageProcess
import base64

# 填入 APPID、AK、SK（自行申请）
APP_ID = "25965295"
API_KEY = "1grPiS5tQSGDcKyMEOZYcQGH"
SECRET_KEY = "8G8Ml7GYOBBA24wyY8gMFMOqC5ZHw4Vj"

# 创建客户端
客户端 = AipImageProcess(APP_ID, API_KEY, SECRET_KEY)

# 读取图片方法
```

```
def 读取图片(图片路径):
    with open(图片路径, "rb") as fp:
        return fp.read()
# 读取图片
图片 = 读取图片("人物图片.jpg")  # 项目文件夹中放入图片命名为 "人物图片.jpg"


# 添加可选参数
参数 = {"type": None, "mask_id": 1} # type：是否添加口罩  mask_id：口罩样式
参数["type"] = "anime" # anime:不添加口罩
参数["mask_id"] = 3 # 选择第 3 种口罩样式


# 调用人像动漫化方法
print("...调用接口...")
返回数据 = 客户端.selfieAnime(图片, 参数)
print("...正在制作...")


# 对返回的图片数据进行解码
图片数据 = base64.b64decode(返回数据["image"])


# 保存图片到本地
with open("人物图片（已处理）.jpg", "wb") as f:
    f.write(图片数据)
print("...制作完成...")
```

9.3.3　自定义 API 调用

为了学到更多的知识，我们还可以自己编写调用 API 的模块。

先看文档，以 "黑白图像上色" 为例，文档地址为 https://ai.baidu.com/ai-doc/IMAGEPROCESS/ Bk3bclns3。

文档中给出了 API 的请求地址（URL）、请求头部（Header）和请求参数，如图 9-41 所示。并且，还给出了示例代码，如图 9-42 所示。

调用接口需要访问令牌（Access Token），文档地址为 https://ai.baidu.com/ai-doc/REFERENCE/ Ck3dwjhhu。文档中给出了详细的说明和示例代码，如图 9-43 所示。

图 9-41　黑白图像上色请求说明

图 9-42　黑白图像上色请求代码示例

图 9-43　获取 Access Token 的说明文档

将代码拼到一起，就能够顺利调用接口了。

以下是将黑白图像转换为彩色图像的程序脚本示例。

```
import requests      # 用于与服务器进行通信
import json          # 用于对 JSON 格式的字符串进行处理
import base64         # 用于数据编解码


# 将密钥信息存入变量
# 以下密钥需要用自行申请的密钥替换
接口钥匙 = "1grPiS5tQSGDcKyMEOZYcQGH"   # API Key
秘密钥匙 = "8G8MI7GYOBBA24wyY8gMFMOqC5ZHw4Vj"   # Secret Key


# 获取访问令牌
访问令牌 = ""          # 定义存储访问令牌的变量
接口地址 = f"https://aip.baidubce.com/oauth/2.0/token?grant_type = client_credentials&client_id = {接
口钥匙}&client_secret = {秘密钥匙}"                    # 组织请求地址
响应结果 = requests.get(接口地址)                  # 发送 get 请求获取响应结果
if 响应结果:   # 如果存在响应结果
```

```
        结果字典 = json.loads(响应结果.content)        # 将响应结果的内容转换为字典类型
        访问令牌 = 结果字典["access_token"]             # 从结果字典中取出访问令牌存入变量


# 处理图像并保存
with open("黑白图片.jpg", "rb") as 文件:
        图片编码 = base64.b64encode(文件.read())     # 获取图像编码
        接口地址 = "https://aip.baidubce.com/rest/2.0/image-process/v1/colourize"
        请求参数 = {"image": 图片编码}                 # 组织请求参数
        请求地址 = 接口地址 + "?access_token = " + 访问令牌          # 组织请求地址
        请求头部 = {"content-type": "application/x-www-form-urlencoded"}  # 组织请求头部
        响应结果 = requests.post(请求地址, data = 请求参数, headers = 请求头部)  # 发送请求获取响应结果
        if 响应结果:   # 如果存在响应结果
                结果字典 = json.loads(响应结果.content)              # 将响应结果的内容转换为字典类型
                图片数据 = base64.b64decode(结果字典["image"])    # 对结果字典中的图片编码进行解码
                with open("黑白图片(已处理).jpg", "wb") as 新文件:  # 创建新的文件
                        新文件.write(图片数据)   # 将图片数据写入新文件
```

Request: 请求

Key: 钥匙

Load: 载入

Process: 处理

Post: 投递

Encode: 编码

9.3.4　编写核心代码——基于 requests/Base64/JSON

图片处理有很多种不同的功能，我们不可能为每一种功能都写一个脚本，还是需要面向对象进行编程。

1. 访问令牌

访问令牌并不用每一次都获取，它有 30 天的有效期。最好是把它保存到本地的文件中，使用的时候再从文件中读取。

访问令牌到期时需要更新，每次更新都需要提供接口钥匙和秘密钥匙，手动填入的话比较麻烦。解决方案是将这两个钥匙数据一起写入令牌文件中，除了创建令牌文件外都可以从文件中读取使用，只要令牌文件没有丢失或损坏，就不用再次填入。

结合以上思路，梳理出的访问令牌管理功能如图 9-44 所示。

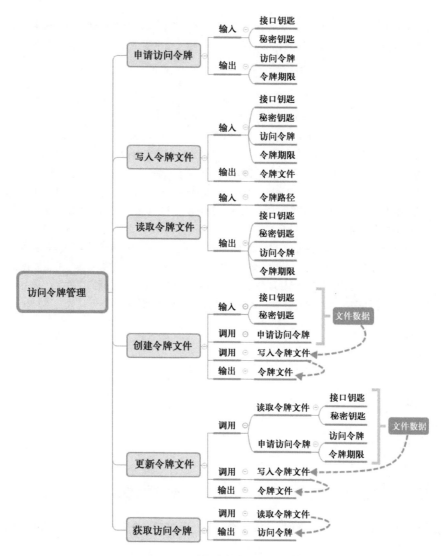

图 9-44　访问令牌管理功能组成

图 9-44 中，一级节点是要实现的功能方法，之后的节点是需要在方法中调用的其他方法与属性。

接下来，创建一个模块文件，命名为"图像处理接口.py"。

首先，引入需要使用的模块。

```
import requests
import datetime
import base64
import json
```

然后，创建"访问令牌管理"类，逐一编写每个方法，实现目标功能。

（1）"__init__"方法

有一些属性会贯穿在各个方法中，需要在初始化时进行定义。

```
class 访问令牌管理:

    def __init__(self, 文件路径 = "令牌文件.tk"):
        self.文件路径 = 文件路径
        self.接口钥匙 = ""
        self.秘密钥匙 = ""
        self.访问令牌 = ""
        self.令牌期限 = ""
        self.文件数据 = None
```

（2）"申请访问令牌"方法

向服务器请求访问令牌时，如果请求成功，会返回一个"Response"（响应）对象。"Response"对象的"content"（内容）属性值是一个 JSON 类型的字符串，示例代码如下。

b'{"refresh_token":"25.49b21293eef578eb3c8a2bc557ba8839.315360000.1967174791.282335-26150664", "expires_in":2592000,"session_key":"9mzdDcBuu\V0pKb3Y3Grr4gjzKw3KUUXvegS+jsrMusFhnpTNyB2LQDvL4Xon uAR1UDWTbWuMa0gvMHiw527RGfO4rDUwlg == ","access_token":"24.66c6fefff69de51a9e031b67d6e90e9c. 2592000.|1654406791.282335-26150664","scope":...省略部分内容...}\n'

JSON 类型的字符串可以通过"json"模块的"loads"方法转换为字典类型。通过字典的键"access_token"就能获取到"访问令牌"的值。

如果没有提供正确的参数，也会返回一个 JSON 类型的字符串，包含错误信息。

{"error_description":"unknown client id","error":"invalid_client"}

这个字符串同样可以转换为字典，并通过键"error"取值，如果键有效，则说明请求失败，需要抛出异常。

另外，访问令牌的有效期是 30 天，这个有效期可以通过当前系统时间增加 30 天计算而来。

获取系统当前时间，需要使用"datetime"模块中"datetime"类的"now"方法。增加 30 天，需要使用"datetime"模块中的"timedelta"类，这个类能够创建天数对象。

```
def 申请访问令牌(self):
    接口地址 = f"https://aip.baidubce.com/oauth/2.0/token?grant_type = client_credentials&client_id =
{self.接口钥匙}&client_secret = {self.秘密钥匙}"        # 组织请求地址
    访问结果 = requests.get(接口地址)                    # 发送请求并获取响应结果
    结果字典 = json.loads(访问结果.content)              # 将响应结果的内容转换为字典
```

速学 Python：程序设计从入门到进阶

```
            if 结果字典.get("error"):  # 如果存在错误信息
                raise RuntimeError("密钥无效！")                    # 引发运行时异常
            if 结果字典:  # 没有发生异常时，如果结果字典存在数据
                self.访问令牌 = 结果字典["access_token"]           # 通过键获取访问令牌数据
                到期时间 = datetime.datetime.now() + datetime.timedelta(days = 30)  # 获取到期时间对象
                self.令牌期限 = datetime.datetime.strftime(到期时间, "%Y%m%d %H:%M:%S")  # 将时间
对象转换为指定格式的字符串
```

Delta：增量

（3）"加密数据"方法

在考虑如何保存数据文件时，我的第一个方案是使用 Python 内置的"configparser"模块。

```
    import configparser
```

在"__init__"方法中，实例化"configparser"模块的"Configparser"类，创建"配置解析器"对象。

```
    self.配置解析器 = configparser.ConfigParser()
```

"配置解析器"可以创建和读取配置文件。

```
    def 写入配置文件(self):
        with open(self.文件路径, "w") as 文件:                    # 创建配置文件
            self.配置解析器.add_section("Token")               # 创建配置类别（不支持中文类别名称）
            self.配置解析器.set("Token", "访问令牌", self.访问令牌)      # 为类别添加一个配置项
            self.配置解析器.set("Token", "令牌期限", self.令牌期限)
            self.配置解析器.add_section("Keys")                # 创建配置类别
            self.配置解析器["Keys"] = {                        # 为类别添加多个配置项
                "接口钥匙": self.接口钥匙,
                "秘密钥匙": self.秘密钥匙
            }
            self.配置解析器.write(文件)                         # 将配置内容写入文件

    def 读取配置文件(self):
        self.配置解析器.read(self.文件路径)                    # 读取配置文件
        self.接口钥匙 = self.配置解析器.get("Keys", "接口钥匙")   # 通过类型和配置项名称获取配置数据
        self.秘密钥匙 = self.配置解析器.get("Keys", "秘密钥匙")
        self.访问令牌 = self.配置解析器.get("Token", "访问令牌")
        self.令牌期限 = self.配置解析器.get("Keys", "令牌期限")
```

但是，我把这个方案否定了。因为，配置文件的内容是这样的。

220

```
[Token]
访问令牌 = 24.0599ef2b325dd80d1c6b936ba10eba9c.2592000.1654071994.282335-25965295
令牌期限 = 2022-05-06 12:00:00

[Keys]
接口钥匙 = 1grPiS5tQSGDcKyMEOZYcQGH
秘密钥匙 = 8G8MI7GYOBBA24wyY8gMFMOqC5ZHw4Vj
```

任何一个人，打开配置文件都能看到这些信息。所以，需要对其进行加密。

"加密数据"方法与实例对象无关，只要传入"数据"和"密码"参数，就能返回"加密数据"。
但是，加密数据比较复杂，可以使用"pycryptodome"库。

安装"pycryptodome"库。

```
pip install pycryptodome
```

然后，通过包（Package）的路径引入"AES"模块。

```
from Crypto.Cipher import AES   # 模块路径为 site-packages\Crypto\Cipher\AES.py
```

AES（Advanced Encryption Standard）：高级加密标准

使用"AES"模块进行加密时，密码必须是 16 位，所以对于不足 16 位的密码需要进行补位，才能够使用。

并且，被加密数据的长度必须是区块尺寸的整数倍，位数不足时，也需要补位，补位的字符是缺少位数的数字所对应的字符，这个字符是通过 Python 内置的"chr"函数进行转换的。例如，位数差 54位，就会在数据末尾增加 54 个"6"，因为数字 54 对应的是字符"6"。

```
>>> chr(54)
'6'
```

通过"数据密码"创建的"加密工具"对象对被加密数据进行加密，就可以得到最终的加密结果。
对加密结果再次编码，就可以写入文件进行保存。

```
@staticmethod
def 加密数据(数据, 密码):
    数据密码 = (密码 + "0" * 16)[:16]   # 密码必须是 16 位，不足则在后方补 0
    区块尺寸 = AES.block_size   # 获取区块尺寸
    填充数据 = lambda s: s + (区块尺寸 - len(s) % 区块尺寸) * chr(区块尺寸 - len(s) % 区块尺寸)
# 填充被加密的数据的匿名方法，保证字符数量是区块尺寸的整数倍
    加密工具 = AES.new(数据密码.encode(), AES.MODE_ECB)   # 使用经过编码的数据密码创建加密
数据对象
```

速学 Python：程序设计从入门到进阶

```
            加密结果 = 加密工具.encrypt(填充数据(数据).encode()) # 使用加密数据对象的加密方法对数据进行加密
            转码数据 = base64.b64encode(加密结果)       # 对加密结果进行编码
            return 转码数据
```

Ord（*Ordinal*）：序数

（4）"解密数据"方法

"解密数据"同样需要先将"密码"补足 16 位，并通过"数据密码"创建"加密工具"对象。然后，先对"数据"进行解码，再使用"加密工具"对象解密，得到"解密数据"。"解密数据"要去除填充，才能得到最终的"解密结果"。

去除填充时，需要对数据字符串进行截取。截取的终止位置需要先取得数据字符串最后一位字符对应的数字，加上负号"-"就是截取的终止位置。这里，可以使用 Python 内置的"ord"函数，它与"chr"函数的用途相反，能够获取字符对应的整数。

```
        @staticmethod
        def 解密数据(数据, 密码):
            数据密码 = (密码 + "0" * 16)[:16]  # 密码补位
            去除填充 = lambda s: s[:-ord(s[-1])]  # 去除数据填充的匿名方法
            加密工具 = AES.new(数据密码.encode(), AES.MODE_ECB)
            转码数据 = base64.b64decode(数据)
            解密数据 = 加密工具.decrypt(转码数据)
            解密结果 = 去除填充(解密数据.decode())
            return 解密结果
```

Chr（*Character*）：字符

Ord（*Ordinal*）：序数

（5）"写入令牌文件"方法

有了"加密数据"的方法，就可以把需要加密的数据进行加密之后，再写入文件了。

写入文件我们改用 Python 内置的"pickle"模块。

```
        import pickle
```

"pickle"模块实现了对一个 Python 对象结构的二进制序列化和反序列化。简单地理解就是能够将 Python 的数据对象序列化为二进制数据，并且能够原样还原。例如，将一个字典转换为二进制数据，需要的时候再通过二进制数据还原成字典。

这里我们可以使用"pickle"模块的"dump"方法将"文件数据"转储到打开的"文件"中。

```
        def 写入令牌文件(self, 数据密码):
            self.接口钥匙 = self.加密数据(self.接口钥匙, 数据密码)
            self.秘密钥匙 = self.加密数据(self.秘密钥匙, 数据密码)
```

```
        self.文件数据 = {"接口钥匙": self.接口钥匙, "秘密钥匙": self.秘密钥匙, "访问令牌": self.访问令牌, "令
牌期限": self.令牌期限}
        with open(self.文件路径, "wb") as 文件:
            pickle.dump(self.文件数据, 文件)
```

Dump：*转储*

（6）"读取令牌文件"方法

读取令牌文件时，需要先判断令牌文件是否存在。

引入"os"模块。

```
    import os
```

"os.path"是"ntpath"模块对象，通过这个模块的"exists"函数能够检查某个路径中的文件是
否存在。如果文件存在，使用"open"函数将它打开，并通过"read"方法进行读取，读取到的数据通过
"pickle"模块的"loads"方法还原成"文件数据"。如果令牌文件不存在，则引发"FileNotFoundError"
异常。

```
    def 读取令牌文件(self):
        if os.path.exists(self.文件路径):
            with open(self.文件路径, "rb") as 文件:
                self.文件数据 = pickle.loads(文件.read())
        else:
            raise FileNotFoundError("未找到令牌文件！")
```

Exist：*存在*

（7）"创建令牌文件"方法

当没有令牌文件时，需要创建令牌。令牌文件数据由"接口钥匙""秘密钥匙"以及通过"申请访
问令牌"方法获取的"访问令牌"和"令牌期限"组成。获取全部令牌文件数据之后，把它们"写入令
牌文件"。

```
    def 创建令牌文件(self, 接口钥匙, 秘密钥匙, 数据密码):
        self.接口钥匙 = 接口钥匙
        self.秘密钥匙 = 秘密钥匙
        self.申请访问令牌()
        self.写入令牌文件(数据密码)
```

（8）"更新令牌文件"方法

当访问令牌超过期限时，需要对访问令牌进行更新。更新时，令牌文件数据中的"接口钥匙"和
"秘密钥匙"可以通过原有的数据进行解密后获得，新的"访问令牌"和"令牌期限"通过"申请访问

令牌"方法获取。然后，将这些令牌文件数据"写入令牌文件"。

```
def 更新令牌文件(self, 数据密码):
    self.接口钥匙 = self.解密数据(self.文件数据["接口钥匙"], 数据密码)
    self.秘密钥匙 = self.解密数据(self.文件数据["秘密钥匙"], 数据密码)
    self.申请访问令牌()
    self.写入令牌文件(数据密码)
```

（9）"获取访问令牌"方法

在进行图像处理时，需要使用"访问令牌"调用图像处理接口。"访问令牌"通过"读取令牌文件"获得。如果存在"文件数据"，就对文件数据中的"令牌期限"进行检查。如果当前系统时间超过了"令牌期限"，需要引发"ValueError"异常。否则，从文件数据中获取"访问令牌"并返回。

```
def 获取访问令牌(self):
    self.读取令牌文件()
    if self.文件数据:
        令牌期限 = self.文件数据["令牌期限"]
        if datetime.datetime.now() > datetime.datetime.strptime(令牌期限, "%Y%m%d %H:%M:%S"):
            raise ValueError("令牌文件已过期！")
        else:
            self.访问令牌 = self.文件数据["访问令牌"]
    return self.访问令牌
```

到这里，我们就完成了"访问令牌管理"的全部方法。

做个测试吧！

提示

网络环境会影响代码的运行速度。

```
if __name__ == "__main__":
    令牌管理 = 访问令牌管理("测试令牌.tk")
    令牌管理.创建令牌文件("a9hf8bwNsOZugG8t2iKDdOLO", "3hrwAscdrzTQVhDCK5CqYeKV3jjyjaKv",
"123456")
    访问令牌 = 令牌管理.获取访问令牌()
    print(访问令牌)
```

打开项目文件夹中名为"测试令牌.tk"的文件，能看到一些内容（汉字部分也可能是乱码）。

�� 224}�(� 接口 钥匙 �,Su9BCfCnvJulMutq79gyz4bLKUsX76Kz+6asSffDTPU = �� 秘密钥匙
�@2zprf8rgx2ITcH+MKF3JTfa4esJXruKyo83ozl7uVGuRV3Zdpn817k6nfhNSN8U5�� 访 问 令 牌 ��F24.

43f4b44b29b122a2f69bcb3501d44b59.2592000.1654428102.282335–26150664◆◆ 令 牌 期 限 ◆◆20220605 19:21:43◆u.

我们能够看到，经过加密的"接口钥匙"和"秘密钥匙"的数据已经和原本的数据完全不同，未加密的"访问令牌"和"令牌时限"都保持原有的数据内容。

2．实现图像处理功能

编写"图像增强与特效"类，所有图像处理的接口地址中都有一部分是固定的"通用地址"，这个地址可以作为类的一个属性。

```
class 图像增强与特效：
    通用地址 = "https://aip.baidubce.com/rest/2.0/image-process/v1/"
```

（1）"__init__"方法

照例定义一些属性。

进行图像处理需要读取本地图片，所以"图片路径"是必需的属性，每个图像处理功能的请求地址都不同。例如，黑白图像上色接口请求地址为https://aip.baidubce.com/rest/2.0/image-process/v1/colourize。图像风格转换接口请求地址为https://aip.baidubce.com/rest/2.0/image-process/v1/style_trans。

不同的部分，可以叫作"请求类别"。除了"请求类别"不同，有些图像处理接口还需要提供额外的"附加参数"。例如，图像风格转换可以通过参数指定不同风格（见图 9-45），图像修复需要通过参数指定修复区域的宽高和位置（见图 9-46）。这些参数都是某个接口的特定参数，需要和默认的图像参数一起传递到接口。

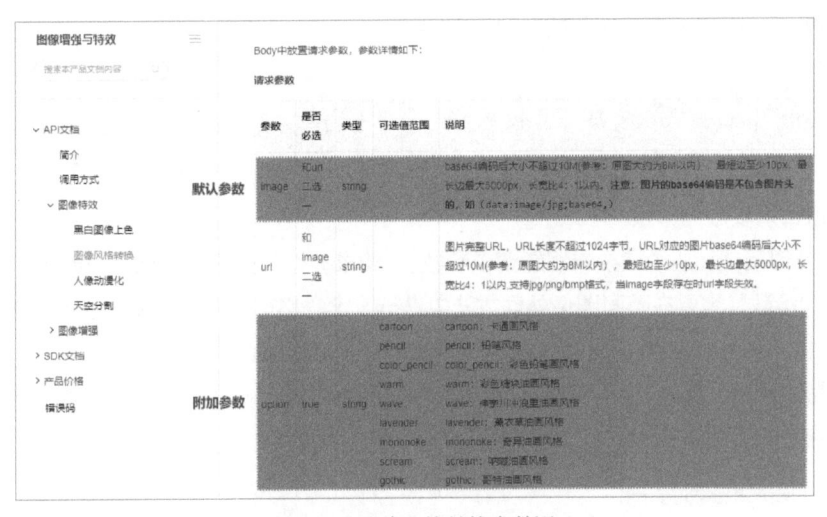

图 9-45　图像风格转换参数说明

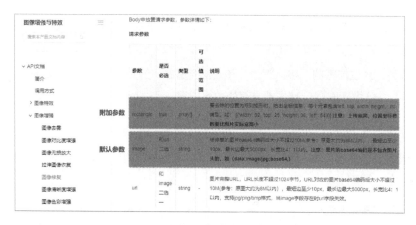

图 9-46　图像修复参数说明

另外，访问图像处理接口必须传入"访问令牌"，可以在初始化时完成获取。

最后，图像修复的请求参数要求比较特殊，需要进行"编码转换"处理，通过标记进行区别。

```
def __init__(self, 令牌管理):
    self.图片路径  = ""
    self.请求类别  = ""
    self.附加参数  = {}              # 附加参数为字典类型
    self.令牌管理  = 令牌管理
    self.访问令牌  = self.令牌管理.获取访问令牌()
    self.编码转换  = False          # 是否对请求参数进行编码转换的标记
```

（2）"获取图片数据"方法

进行图像处理，必须要获取图片的数据。

```
def  获取图片数据(self):
    with open(self.图片路径, "rb") as  图片:        # 打开需要进行图像处理的图片文件
        return base64.b64encode(图片.read())      # 将读取的图片数据进行编码后返回
```

（3）"获取请求参数"方法

访问图像处理接口，必须按要求组织请求参数。"请求参数"的必选参数是"image"，也就是"图片数据"。"附加参数"需要在不同图像处理方法中进行设定。必选参数和"附加参数"需要全部存入同一个参数字典中。

如果请求参数需要进行"编码转换"，则要先将"图片数据"解码与"附加参数"合并之后转储为 JSON 类型的字符串，再进行编码。

```
def  获取请求参数(self):
    图片数据  = self.获取图片数据()      # 获取图片数据
```

```
        请求参数 = {**{"image": 图片数据}, **self.附加参数}        # 解包两个字典合并为一个字典
        if self.编码转换:                # 如果需要编码转换
            请求参数 = json.dumps({**{"image": 图片数据.decode()}, **self.附加参数}).encode()  # 先将
图数据解码再进行字典合并，转换为 JSON 类型的字符串后进行编码
            self.编码转换 = False    # 恢复编码转换标记
        return  请求参数
```

（4）"获取请求结果"方法

根据接口文档要求，调用图像处理接口需要进行"post"请求。"post"请求需要提供三个参数，分别是"请求地址""请求参数"和"请求头部"。

1）"请求地址"由"通用地址""请求类别"以及"访问令牌"组成。

2）"请求参数"通过"获取请求参数"方法获取。

3）"请求头部"根据接口文档进行定义。

准备完参数之后，就可以通过"requests"模块发起"post"请求。"请求结果"是一个"Response"对象，它的"content"属性值是一个 JSON 类型的字符串。把这个字符串通过"json"模块的"loads"方法转换为"结果字典"后，就可以通过键获取想要的值。

如果图像处理失败，"结果字典"中会包含"error_code"项，它的值是错误代码。常见代码有两个，分别是"6"和"282004"，代码"6"表示"没有访问数据的权限"，代码"282004"代表"参数错误"。当图像处理失败时，需要抛出异常，并根据错误代码给出提示。

当图像处理成功时，可以通过"image"键从"结果字典"中获取经过处理的图片编码，再经过解码就变成我们需要的"图片数据"。

```
def  获取请求结果(self, 图片路径):
    self.图片路径 = 图片路径   # 获取图片路径
    请求地址 = self.通用地址 + self.请求类别 + "?access_token = " + self.访问令牌  # 组织请求地址
    请求参数 = self.获取请求参数()    # 获取请求参数
    请求头部 = {'content-type': 'application/x-www-form-urlencoded'}    # 定义请求头部
    请求结果 = requests.post(请求地址, data = 请求参数, headers = 请求头部)  # 发起请求保存响应结果
    结果字典 = json.loads(请求结果.content)                # 对结果内容进行类型转换
    if 错误代码 := 结果字典.get("error_code", None):    # 如果包含错误代码
        异常提示 = {6: "没有访问数据的权限...", 282004: "参数错误..."}  # 定义错误代码与提示文本
        raise RuntimeError(异常提示.get(错误代码))        # 通过错误代码获取提示文本并引发异常
    self.图片数据 = base64.b64decode(结果字典["image"])  # 没有异常时获取图片数据
```

（5）"保存图片"方法

经过处理的"图片数据"可以保存为图片文件。

```
    def 保存图片(self, 保存路径):
        with open(保存路径, 'wb') as 文件:          # 创建新文件或重写已有文件
            文件.write(self.图片数据)                # 将图片数据写入文件
```

（6）"调度"方法

这个方法的用途是根据"方法名称"参数调用同名方法。Python 内置的"getattr"函数能够通过"方法名称"从实例对象中获取"方法"对象；"callable"函数能够检查"方法"对象是否能够被调用，如果"方法"对象能够被调用，就可以执行"方法"对象。

"调度"方法的主要功能是调用各种图像处理方法，将这些方法中共有的部分抽离出来，统一执行。例如，有 10 个图像处理方法，每个图像处理方法都需要"获取请求结果"和保存"图片数据"。如果没有"调度"方法，每个图像处理方法都需要多写两句代码，积累下来就要多写 20 句代码。而有了"调度"方法，只需要完成"调度"方法的 6 句代码，减少了大量的重复代码。这就是抽象的编程思维。除此之外，在后面的任务目标中，还能够体会到这个方法的优点。

```
    def 调度(self, 方法名称, 图片路径, **参数):        # 定义调用某一具体方法的函数
        方法 = getattr(self, 方法名称)               # 通过具体方法名获取方法对象
        if callable(方法):   # 如果具体方法可调用
            方法(**参数)                            # 传入参数调用方法
            self.获取请求结果(图片路径 = 图片路径)       # 每个图像处理功能都需要执行的代码
            return self.图片数据                     # 每个图像处理功能都需要执行的代码
```

有了"调度"方法，后面的事情就简单了，我们只需要定义每个图像处理功能的"请求类别"和"附加参数"就可以了。

（7）"黑白图像上色"方法

```
    def 黑白图像上色(self):
        self.请求类别 = "colourize"
```

（8）"图像风格转换"方法

因为图像风格转换功能有多种可选风格，我们把这些风格的中文名称与参数组成字典。然后，根据参数传入的"风格"名称，从字典中获取参数，与附加参数的关键字组成字典。

```
    def 图像风格转换(self, 风格 = "哥特"):
        参数字典 = {"卡通": "cartoon", "铅笔": "pencil", "彩铅": "color_pencil", "彩糖": "warm", "浪里": "wave", "薰
衣": "lavender", "奇异": "mononoke", "呐喊": "scream", "哥特": "gothic"}
        self.请求类别 = "style_trans"
        self.附加参数 = {"option": 参数字典.get(风格, "gothic")}   # 如果没有与风格名称对应的参数，则默
认为哥特风格的参数
```

（9）"人像动漫化"方法

人像动漫化时，可以选择是否带有口罩，并且可以选择口罩类型。所以，方法的参数是"口罩"和"型号"。"口罩"参数为"0"时不带口罩，为"1"时带有口罩。口罩"型号"共有 8 种，对应数字 1～8。

```
def 人像动漫化(self, 口罩 = "0", 型号 = "1"):
    参数字典 = {"0": "anime", "1": "anime_mask"}
    self.请求类别 = "selfie_anime"
    self.附加参数 = {"type": 参数字典.get(口罩, "anime"), "mask_id": 型号}
```

（10）"天空分割"方法

目前，这个方法对应的接口需要单独申请测试权限，否则调用接口会失败，返回代码为"6"的错误。

```
def 天空分割(self):
    self.请求类别 = "sky_seg"
```

（11）"图像去雾"方法

```
def 图像去雾(self):
    self.请求类别 = "dehaze"
```

（12）"对比度增强"方法

```
def 对比度增强(self):
    self.请求类别 = "contrast_enhance"
```

（13）"图像无损放大"方法

```
def 图像无损放大(self):
    self.请求类别 = "image_quality_enhance"
```

（14）"拉伸图像恢复"方法

```
def 拉伸图像恢复(self, ):
    self.请求类别 = "stretch_restore"
```

（15）"图像修复"方法

"图像修复"方法需要以字典形式接收位置"参数"，"参数"格式为{"位置":(宽度,顶部,高度,左侧)}，并且，这个方法的请求参数需要进行"编码转换"。

```
def 图像修复(self, **参数):
    宽度, 顶部, 高度, 左侧 = 参数["位置"]
```

```
            self.编码转换  = True
            self.请求类别  = "inpainting"
            self.附加参数  = {"rectangle": [{"width": int(宽度), "top": int(顶部), "height": int(高度), "left": int(左侧)}]}
```

（16）"图像清晰度增强"方法

```
        def  图像清晰度增强(self):
            self.请求类别  = "image_definition_enhance"
```

（17）"图像色彩增强"方法

```
        def  图像色彩增强(self):
            self.请求类别  = "color_enhance"
```

到这里，我们就完成了"图像增强与特效"类的全部代码，测试如下。

```
        if __name__ = = "__main__":
            令牌管理  = 访问令牌管理("令牌文件.tk")
            图像增强器  = 图像增强与特效(令牌管理)
            图像增强器.调度("黑白图像上色","黑白图片.jpg")
            图像增强器.保存图片("黑白图片(已处理).jpg")
```

9.3.5 新的图形界面设计工具——基于 PyQt5

之前一直使用"wxPython"创建程序界面。接下来，我们使用一种新的图形界面开发工具创建程序界面。

"PyQt"是开源的图形界面开发工具。"Qt"本身是强大而主流的跨平台图形用户界面应用程序开发框架，"PyQt"则是 Python 语言和 Qt 的完美融合。

"PyQt5"提供可视化的设计工具"Qt Designer"，通过拖拽摆放，就能够完成界面设计，并能够生成 Python 代码。

先安装 PyQt5。

```
    pip install pyqt5
```

再安装"Qt Designer"。

```
    pip install qt5_applications
```

"Qt Designer"会被安装在 Python 目录中，可以参考下方路径。

C:\Users\账户名称\AppData\Local\Programs\Python\Python39\Lib\site-packages\qt5_applications\

Qt\bin\designer.exe

运行"Qt Designer",能够看到中英文混杂的程序界面,如图 9-47 所示。

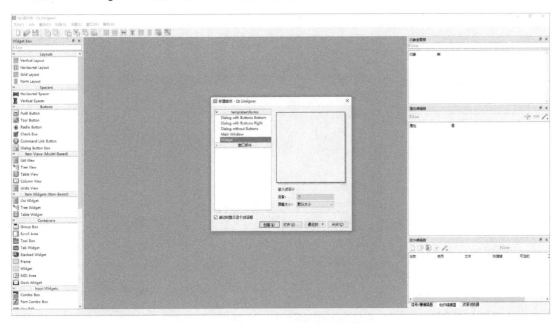

图 9-47　Qt Designer 程序界面

"PyQt5"对中文的支持不够,不仅仅"Qt Designer"的界面是这样,之后我们编写代码也会出现不支持中文的情况。但是,这并不能否定"PyQt5"是非常优秀的图形界面开发工具。

选择"MainWindow",单击"创建"按钮,就会创建一个新的窗口界面,如图 9-48 所示。

图 9-48　创建新的窗口

拖动窗口边缘调整窗口的尺寸，然后，从左侧的控件列表中，分别拖入一个"Push Button"控件和"Label"控件到窗体中央。双击"Label"控件，删除其中的文字，如图 9-49 所示。

Push: 按

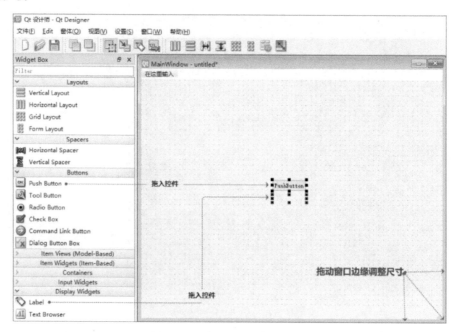

图 9-49　为窗口添加控件

假设这就是我们想要的程序界面，现在，就可以保存这个界面文件了。保存的文件类型是扩展名为".ui"的文件，如默认的"untitled.ui"，如图 9-50 所示。

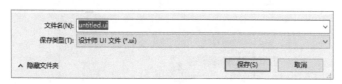

图 9-50　保存 UI 文件

这个界面文件，可以转换为 Python 文件。

打开"CMD"命令行窗口，进入界面文件所在的文件夹，例如，D:\项目文件\界面文件\。

```
C:\Users\opython.com>d:
D:\>cd 项目文件\界面文件
D:\项目文件\界面文件>pyuic5 untitled.ui -o 界面.py
```

这样，就得到了一个名为"界面.py"的 Python 文件。在这个 Python 文件中，包含一个名为"Ui_MainWindow"的类，类中就是所有的界面代码。

```python
from PyQt5 import QtCore, QtGui, QtWidgets


class Ui_MainWindow:                            # 无须显式继承 object 类
    def setupUi(self, MainWindow):              # 接收一个窗口为它加载界面
        MainWindow.setObjectName("MainWindow")  # 设置窗口名称
        MainWindow.resize(622, 502)             # 设置窗口尺寸
        self.centralwidget = QtWidgets.QWidget(MainWindow)  # 创建中央控件
        self.centralwidget.setObjectName("centralwidget")   # 设置中央控件名称
        self.pushButton = QtWidgets.QPushButton(self.centralwidget)  # 在中央控件中创建按钮控件
        self.pushButton.setGeometry(QtCore.QRect(270, 200, 71, 23))  # 设置按钮控件的位置与尺寸
        self.pushButton.setObjectName("pushButton")          # 设置按钮控件的对象名称
        self.label = QtWidgets.QLabel(self.centralwidget)    # 在中央控件中创建标签控件
        self.label.setGeometry(QtCore.QRect(270, 230, 71, 16))  # 设置标签控件的位置与尺寸
        self.label.setText("")                   # 设置标签控件的文本
        self.label.setObjectName("label")        # 设置标签控件的对象名称
        MainWindow.setCentralWidget(self.centralwidget)      # 为窗口指定中央控件
        self.menubar = QtWidgets.QMenuBar(MainWindow)        # 创建导航栏
        self.menubar.setGeometry(QtCore.QRect(0, 0, 622, 23))  # 设置导航栏的位置与尺寸
        self.menubar.setObjectName("menubar")    # 设置导航栏的对象名称
        MainWindow.setMenuBar(self.menubar)      # 为窗口指定导航栏
        self.statusbar = QtWidgets.QStatusBar(MainWindow)    # 创建状态栏
        self.statusbar.setObjectName("statusbar")            # 设置状态栏的对象名称
        MainWindow.setStatusBar(self.statusbar)  # 为窗口指定状态栏

        self.retranslateUi(MainWindow)           # 启动界面转译
        QtCore.QMetaObject.connectSlotsByName(MainWindow)   # 根据对象名称自动关联槽函数

    def retranslateUi(self, MainWindow):         # 转译界面的方法
        _translate = QtCore.QCoreApplication.translate       # 指定转译方法
        MainWindow.setWindowTitle(_translate("MainWindow", "MainWindow"))  # 设置窗口标题
        self.pushButton.setText(_translate("MainWindow", "PushButton"))    # 设置按钮文本
```

以上就是通过"Qt Designer"创建程序界面并转换为 Python 文件的过程。

如果使用的开发环境是 PyCharm，可以让这个过程更简单一些。我们可以将启动"Qt Designer"以及转换".ui"文件的操作添加为工具，这样就能直接在 PyCharm 中启动"Qt Designer"并且进行".ui"文件的转换操作，不用每次都执行命令。

在 PyCharm 的文件（File）菜单中，打开选择设置（Settings）选项，进入设置界面，如图 9-51 所示。

在设置界面的左侧列表中，选择工具（Tools）分类中的外部工具（External Tools）。在右侧的窗口中单击"加号"按钮，就会弹窗编辑工具（Edit Tool）的界面，如图 9-52 所示。先进行"Qt Designer"的工具设置，名称（Names）为 Qt Designer（可以自定义）；程序（Program）路径为 C:\Users\账户名称\AppData\Local\Programs\Python\Python39\Lib\site-packages\qt5_applications\Qt\bin\designer.exe，即 Qt Designer 可执行文件的路径；目录（Working directory）为 $ProjectFileDir$，即项目文件夹。单击"确定（OK）"按钮进行保存。

图 9-51 PyCharm 文件菜单

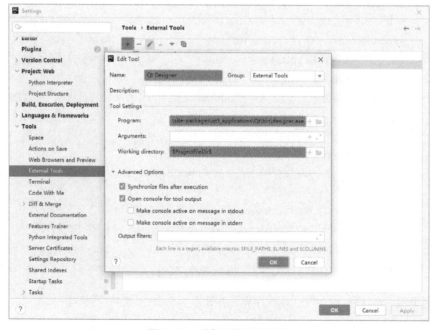

图 9-52 外部工具设置界面

　　然后，是"PyUIC"的工具设置，名称（Names）为 PyUIC（可以自定义）；参数（Arguments）为$FileName$ –o $FileNameWithoutExtension$.py（转换命令的参数）；程序（Program）为 C:\Users\账户名称\AppData\Local\Programs\Python\Python39\Scripts\pyuic5.exe，即 PyUIC5 可执行文件的路径；工作目录（Working directory）为$ProjectFileDir$，即项目文件夹。单击"确定（OK）"按钮进行保存，然后再次单击设置界面的"确定"按钮退出设置。

　　这时，我们就可以通过导航栏中的工具（Tools）菜单，找到外部工具（External Tools），打开"Qt Designer"的应用程序，如图 9-53 所示。

　　也可以在项目文件列表中的".ui"文件上单击鼠标右键，从上下文菜单找到外部工具（External Tools），选择"PyUIC"工具，就能够开始进行文件转换，如图 9-54 所示。

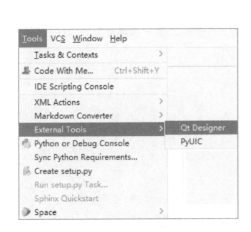

图 9-53　PyCharm 工具菜单

图 9-54　UI 文件转 Python 文件

　　转换生成的 Python 文件会出现在界面文件所在目录中，前缀名称与界面文件相同，可以根据需求重新命名，如"界面.py"。

　　当 UI 文件转换成了 Python 文件，就可以在其他 Python 文件中引入这个"界面.py"文件，并把它显示出来。

　　在项目文件夹新建一个 Python 文件，名称可以叫作"窗口测试.py"，然后，写入以下代码。

```
import sys
from PyQt5.QtWidgets import QApplication, QMainWindow        # 引入程序和窗口的类
from 界面 import Ui_MainWindow # 引入自定义界面的类
```

```
class 程序窗口(Ui_MainWindow, QMainWindow):                # 继承自定义界面类和窗口类
    def __init__(self):
        super().__init__()     # 调用超类的初始化方法
        self.setupUi(self)     # 装载界面，调用的是超类 "Ui_MainWindow" 中的 "setupUi" 方法


if __name__ == "__main__":
    程序 = QApplication(sys.argv)
    窗口 = 程序窗口()         # 实例化窗口
    窗口.show()              # 显示窗口
    sys.exit(程序.exec_())   # 启动程序主循环，正常退出时返回值为 "0" 到父进程
```

Sys（*System*）：系统

Exit：退出

示例代码中，"sys" 模块提供了与 Python 解释器相关的一些变量和函数。

"sys" 模块的 "exit" 函数在执行时会引发 "SystemExit" 异常。如果没有捕获这个异常，Python 解释器会直接退出。如果捕获了异常，还可以继续执行代码，做一些清理工作。捕获到的异常代码中，"0" 为正常退出，其他数值 "1~127" 为非正常退出。

例如，我们把示例代码末尾部分修改一下。

```
if __name__ == "__main__":
    程序 = QApplication(sys.argv)
    窗口 = 程序窗口()
    窗口.show()
    try:
        sys.exit(程序.exec_())     # 启动程序主循环，正常退出时返回状态 "0" 到父进程
    except SystemExit as e:        # 捕获异常
        if 代码 := e.code:         # 判断错误代码不为 "0" 并保存错误代码到变量
            print(f"程序没有正常退出！错误代码:{代码}")
        else:
            print("程序正常退出！")
```

现在，执行示例代码，就会显示出我们设计的窗口界面，当关闭程序窗口时，控制台会打印出 "程序正常退出！" 的信息。

最后，我们再来看一下，如何在单击界面上的按钮时，显示一段文字，如 "欢迎使用！"

如果想单击按钮后显示文字，则需要给按钮添加一个单击事件对应的方法。

我们先在 "界面" 模块中把控件的名称改成中文。对象名称也可以自定义，但是要保持英文。

```
class Ui_MainWindow:
```

```
    def setupUi(self, MainWindow):
        ...省略部分代码...
        self.按钮 = QtWidgets.QPushButton(self.centralwidget)
        self.按钮.setGeometry(QtCore.QRect(270, 200, 71, 23))
        self.按钮.setObjectName("welButton")        # 对象名称保持英文
        self.标签 = QtWidgets.QLabel(self.centralwidget)
        self.标签.setGeometry(QtCore.QRect(270, 230, 71, 16))
        self.标签.setText("")
        self.标签.setObjectName("welLabel")          # 对象名称保持英文
        ...省略部分代码...

    def retranslateUi(self, MainWindow):
        ...省略部分代码...
        self.按钮.setText(_translate("MainWindow", "欢迎按钮"))
```

然后，在"窗口测试"模块的"程序窗口"类中定义一个方法，设置"标签"的文本。

> **提 示**
>
> 方法名称不要使用中文，否则，会报错。

```
    def show_welcome(self):
        self.标签.setText("欢迎使用！")
```

按钮的单击事件需要和写好的方法进行连接，并在程序启动后立即生效。

这就需要把连接语句写在"程序窗口"类的"__init__"方法中。

```
class 测试窗口(Ui_MainWindow, QMainWindow):              # 继承自定义界面类和窗口类
    def __init__ (self):
        ...省略部分代码...
        self.按钮.clicked.connect(self.show_welcome)      # 按钮单击事件连接到方法
```

现在，运行示例代码，单击按钮，就能够看到"欢迎使用！"显示在程序的界面中。

实际上，这么做过程有些复杂。

注释掉刚才编写的"show_welcome"方法和连接代码，重新编写一个方法。

```
    def on_welButton_clicked(self):
        self.标签.setText("欢迎使用！")
```

这个方法会自动关联按钮的单击事件，关键在于方法名称中间的单词"welButton"，它和按钮的对象名称是一致的，所以会自动形成关联。这就是按钮的对象名称要保持英文的原因。如果使用中文，即便保持一致，也是无效的。

在进行下一步之前，我们来明确窗口和界面两个概念，有的读者可能会对这两个概念比较模糊。举

例来说，窗口是画纸，界面是画纸中的图画。界面中的中央控件是绘画的区域与布局，一般控件是绘制的线条、图形、文字等。

我们在"Qt Designer"中完成的是图形界面的设计，实际上是描述作画的过程，也就是"setupUi"方法。在这个方法中，先要获取窗口（画纸），并对窗口进行设置，如设置窗口的尺寸。然后，创建中央控件（绘画区域与布局），可以选择水平或垂直布局，还可以选择栅格布局，也可以选择不做布局。最后，将控件（线条或文字等）定义好位置（画在哪里）与样式（颜色和尺寸等），添加到中央控件（绘画区域）中。中央控件（绘图区域）是在窗口（画纸）中，这时因为没有具体的窗口（画纸），所以界面（图画）还不能够展现出来。

创建窗口（画纸）对象需要继承"QMainWindow"类，并且还要继承界面文件中的自定义界面类以进行界面的加载。这样就能够向窗口（画纸）对象加载界面中定义的各类控件（图画元素），并通过窗口的"show"方法显示出来。

9.3.6　创建程序主界面

掌握了创建程序界面的基本过程，就可以开始创建"图像效果增强器"的程序主界面了，如图 9-55 所示。

图 9-55　图像效果增强器程序主界面

虽然程序界面内容不仅仅这些，还包括一些弹窗界面和设置界面，但不用着急，我们先按部就班地完成这个主界面，再逐渐去完善其他内容。

打开"Qt Designer"。为了更方便操作控件，先进行一项设置。

在导航栏的"设置"菜单中选择"属性"选项，如图 9-56 所示。

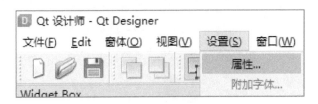

图 9-56　选择属性设置

在打开的"属性"对话框中，切换到"表单"标签。将"默认栅格"的间隔值均设置为"5"，这样能保证控件之间的间隔距离是"5"的整数倍，更适合控件位置的微调，如图 9-57 所示。

图 9-57　表单栅格设置

完成设置之后，单击"确定（OK）"按钮退出。

1. 创建窗口

参考图 9-48，在"新建窗体"对话框中选择"Main Window"，单击"创建"按钮，创建新的窗口。"新建窗体"对话框也可以通过导航栏"文件"菜单中的"新建"选项打开，如图 9-58 所示。

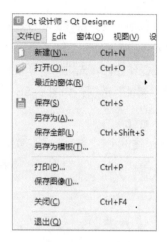

图 9-58　新建窗体

　　窗口的尺寸默认是"800×600"，如果不符合需求，可以在"属性编辑器"中进行修改，如图 9-59 所示。

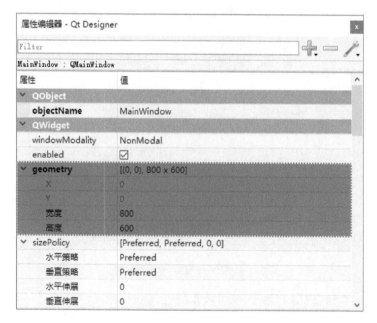

图 9-59　控件"属性编辑器"

2. 移除菜单栏

　　窗口自带菜单栏。但是，我们用不到它，所以在它上面单击鼠标右键，菜单中选择"移除菜单栏"，将它删除，如图 9-60 所示。

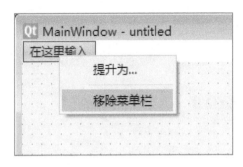

图 9-60　移除菜单栏

3．添加图像显示控件

"label" 控件可以显示图像。参考图 9-49 将 "label" 控件拖入窗口。

属性编辑器中设置控件对象名称为 "show_image"，位置为 "(10,10)"，尺寸为 "780×440"，如图 9-61 所示。

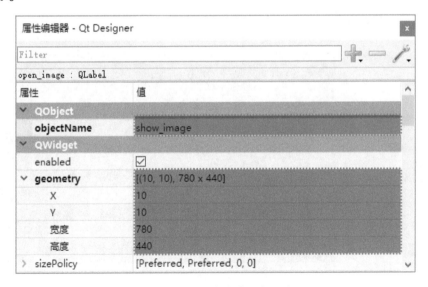

图 9-61　设置控件位置与尺寸

Geometry：几何形状

再找到 "pixmap" 属性，单击后方的下三角 "▼" 按钮，单击 "选择文件" 选项，选取本地的图片文件作为控件的背景图片，如图 9-62 所示。

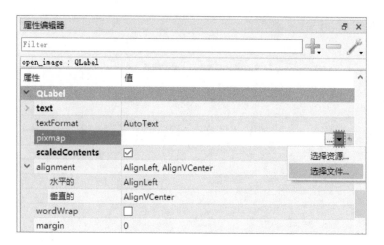

图 9-62　控件添加背景图片

Pixmap: 像素图

现在，我们能够看到界面中有一张图片，如图 9-63 所示。

图 9-63　添加图片后的界面

4．添加转换提示控件

转换提示可以使用"label"控件。因为转换提示不需要触发事件，所以不需要设置对象名称，保持默认即可。参考图 9-61，将它的位置设置为"(10,180)"，尺寸设置为"780×110"。并且，在属性编辑器中勾选"autoFillBackground"选项。再找到"text"选项，或者双击控件进入编辑状态，填入转换提示文本"图像正在进行处理，请耐心等待…"。还要找到"alignment"选项，设置水平方向居中显示，如图 9-64 所示。

图 9-64　设置控件背景填充与文字

Alignment：对齐

Center：居中

另外，文本的字体有些小，可以通过字体设置调整，如图 9-65 所示。

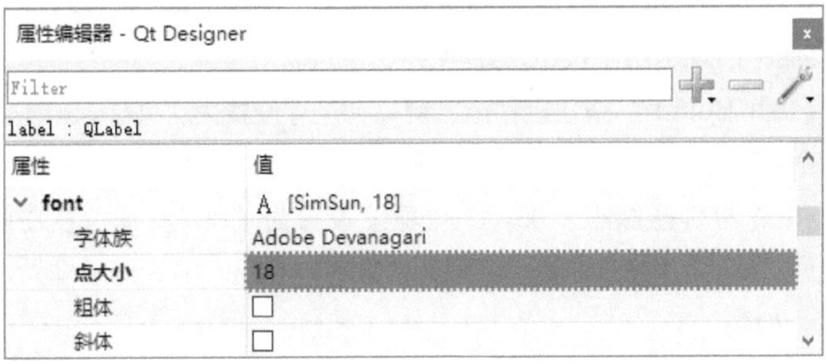

图 9-65　设置控件字体

现在，我们能够看到界面中图片的中央有一个文本提示，如图 9-66 所示。

图 9-66　添加转换提示后的界面

这个提示需要在生成 Python 代码后隐藏。

5. 添加功能按钮控件

参考图 9-49 将一个 "Push Button" 按钮控件拖入窗口。参考图 9-61 设置按钮控件的对象名称为 "open_image"，位置为 "(10,480)"，尺寸为 "100×70"。双击按钮控件进入编辑状态，输入文本 "打开图片"。编辑完成后，按〈Ctrl〉键拖动按钮控件就能复制出一个相同的按钮控件。将复制出的按钮控件摆放到右侧，位置是 "(690,480)"，修改它的对象名称为 "save_image"，按钮文本为 "保存图片"。现在，我们的界面中出现了两个按钮，如图 9-67 所示。

再将一个新的 "Push Button" 按钮控件拖入窗口，尺寸设置为 "100×30"。将这个按钮控件复制 10 次，变为 11 个按钮控件。其中 5 个摆放在上部，两两间隔为 "10"，整体与两侧按钮顶部对齐，间隔为 "20"。剩余的 6 个控件摆放在下部，3 个宽度设置为 "80"，摆放在左侧；2 个宽度设置为 "75"，顺序摆放；最后 1 个摆放在最右侧。下部每个按钮控件之间的间隔同样为 "10"，与左右两侧按钮底部对齐，间隔为 "20"。

图 9-67　添加部分按钮后的界面

这 11 个按钮的文字都根据按钮功能添加，而对象名称当前都不需要设置，当转换为 Python 文件后，再根据需求修改。

现在，我们就完成了界面中全部控件的添加，如图 9-68 所示。

图 9-68　添加全部按钮后的界面

6．添加按钮组

当进行图像处理时，需要禁止用户操作。

这里的解决方案是将全部功能按钮禁用（见图 9-69），等图像处理结束后再恢复启用。

图 9-69　图像处理时按钮的状态

为了方便对所有按钮控件进行状态控制，需要把所有按钮添加到相同的按钮组。

这一步操作很简单，只需要选中所有的按钮控件，在按钮控件上方单击鼠标右键，菜单中选择"指定到按钮组"选项的子选项"新建按钮组"，如图 9-70 所示。

图 9-70　新建按钮组

选择"新建按钮组"之后，虽然没有任何反馈，但不要重复操作。此时，在对象查看器中，已经存在新建的按钮组"buttonGroup"。在按钮组上单击鼠标右键，菜单中包含用于删除按钮组的"打断"选项和编辑按钮组的"选择成员"选项，如图 9-71 所示。

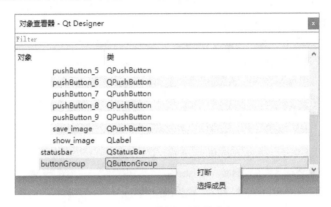

图 9-71　删除与编辑按钮组

到这里，我们就完成了界面的设计。将界面文件保存为"主界面.ui"，并转换为 Python 文件，再进行进一步的完善。

下面是完整的"主界面"代码，带有注释的部分是增加或修改的代码，并且将类的名称和控件名称修改成了中文。

> **提　示**
>
> 在修改名称时，如果开发环境是 PyCharm，可以在选中名称或光标进入名称后，使用〈Shift+F6〉快捷键进行批量修改。

```python
from PyQt5 import QtCore, QtGui, QtWidgets


class 主界面:                              # object 类无须显式继承，可以删除继承声明
    def setupUi(self, 窗口):              # 将界面装载到窗口对象
        窗口.setObjectName("MainWindow")
        窗口.setFixedSize(800, 600)    # 固定窗口尺寸
        窗口.setWindowIcon(QtGui.QIcon("convert.ico"))        # 为窗口添加图标
        self.centralwidget = QtWidgets.QWidget(窗口)
        self.centralwidget.setObjectName("centralwidget")
        self.图片显示 = QtWidgets.QLabel(self.centralwidget)
        self.图片显示.setGeometry(QtCore.QRect(10, 10, 780, 440))
        self.图片显示.setMouseTracking(False)
```

```
self.图片显示.setAutoFillBackground(True)
self.图片显示.setText("")
self.图片显示.setPixmap(QtGui.QPixmap("背景图片.jpeg"))
self.图片显示.setScaledContents(True)
self.图片显示.setObjectName("show_image")
self.转换提示 = QtWidgets.QLabel(self.centralwidget)
self.转换提示.setGeometry(QtCore.QRect(10, 180, 780, 110))
font = QtGui.QFont()
font.setPointSize(18)
self.转换提示.setFont(font)
self.转换提示.setAutoFillBackground(True)
self.转换提示.setAlignment(QtCore.Qt.AlignCenter)
self.转换提示.setObjectName("label")
self.转换提示.hide()  # 默认隐藏转换提示
self.打开图片 = QtWidgets.QPushButton(self.centralwidget)
self.打开图片.setGeometry(QtCore.QRect(10, 480, 100, 70))
self.打开图片.setObjectName("open_image")
self.按钮组 = QtWidgets.QButtonGroup(窗口)
self.按钮组.setObjectName("buttonGroup")
self.按钮组.addButton(self.打开图片)
self.保存图片 = QtWidgets.QPushButton(self.centralwidget)
self.保存图片.setGeometry(QtCore.QRect(690, 480, 100, 70))
self.保存图片.setObjectName("save_image")
self.按钮组.addButton(self.保存图片)
self.黑白图像上色 = QtWidgets.QPushButton(self.centralwidget)
self.黑白图像上色.setGeometry(QtCore.QRect(130, 480, 100, 30))
self.黑白图像上色.setObjectName("pushButton")
self.按钮组.addButton(self.黑白图像上色)
self.图像风格转换 = QtWidgets.QPushButton(self.centralwidget)
self.图像风格转换.setGeometry(QtCore.QRect(240, 480, 100, 30))
self.图像风格转换.setObjectName("pushButton_2")
self.按钮组.addButton(self.图像风格转换)
self.图像无损放大 = QtWidgets.QPushButton(self.centralwidget)
self.图像无损放大.setGeometry(QtCore.QRect(350, 480, 100, 30))
self.图像无损放大.setObjectName("pushButton_3")
self.按钮组.addButton(self.图像无损放大)
self.拉伸图像恢复 = QtWidgets.QPushButton(self.centralwidget)
self.拉伸图像恢复.setGeometry(QtCore.QRect(460, 480, 100, 30))
```

```python
        self.拉伸图像恢复.setObjectName("pushButton_4")
        self.按钮组.addButton(self.拉伸图像恢复)
        self.图像色彩增强 = QtWidgets.QPushButton(self.centralwidget)
        self.图像色彩增强.setGeometry(QtCore.QRect(570, 480, 100, 30))
        self.图像色彩增强.setObjectName("pushButton_5")
        self.按钮组.addButton(self.图像色彩增强)
        self.图像清晰度增强 = QtWidgets.QPushButton(self.centralwidget)
        self.图像清晰度增强.setGeometry(QtCore.QRect(569, 520, 101, 30))
        self.图像清晰度增强.setObjectName("pushButton_6")
        self.按钮组.addButton(self.图像清晰度增强)
        self.图像去雾 = QtWidgets.QPushButton(self.centralwidget)
        self.图像去雾.setGeometry(QtCore.QRect(310, 520, 80, 30))
        self.图像去雾.setObjectName("pushButton_7")
        self.按钮组.addButton(self.图像去雾)
        self.天空分割 = QtWidgets.QPushButton(self.centralwidget)
        self.天空分割.setGeometry(QtCore.QRect(400, 520, 75, 30))
        self.天空分割.setObjectName("pushButton_8")
        self.按钮组.addButton(self.天空分割)
        self.对比度增强 = QtWidgets.QPushButton(self.centralwidget)
        self.对比度增强.setGeometry(QtCore.QRect(130, 520, 80, 30))
        self.对比度增强.setObjectName("pushButton_9")
        self.按钮组.addButton(self.对比度增强)
        self.人像动漫化 = QtWidgets.QPushButton(self.centralwidget)
        self.人像动漫化.setGeometry(QtCore.QRect(220, 520, 80, 30))
        self.人像动漫化.setObjectName("pushButton_10")
        self.按钮组.addButton(self.人像动漫化)
        self.图像修复 = QtWidgets.QPushButton(self.centralwidget)
        self.图像修复.setGeometry(QtCore.QRect(485, 520, 75, 30))
        self.图像修复.setObjectName("pushButton_11")
        self.按钮组.addButton(self.图像修复)
        窗口.setCentralWidget(self.centralwidget)
        self.状态栏 = QtWidgets.QStatusBar(窗口)
        self.状态栏.setObjectName("statusbar")
        窗口.setStatusBar(self.状态栏)

        self.retranslateUi(窗口)
        QtCore.QMetaObject.connectSlotsByName(窗口)

    def retranslateUi(self, MainWindow):
```

```
_translate = QtCore.QCoreApplication.translate
MainWindow.setWindowTitle(_translate("MainWindow", "图像效果增强器"))
self.转换提示.setText(_translate("MainWindow", "图像正在进行处理，请耐心等待..."))
self.打开图片.setText(_translate("MainWindow", "打开图片"))
self.保存图片.setText(_translate("MainWindow", "保存图片"))
self.黑白图像上色.setText(_translate("MainWindow", "黑白图像上色"))
self.图像风格转换.setText(_translate("MainWindow", "图像风格转换"))
self.图像无损放大.setText(_translate("MainWindow", "图像无损放大"))
self.拉伸图像恢复.setText(_translate("MainWindow", "拉伸图像恢复"))
self.图像色彩增强.setText(_translate("MainWindow", "图像色彩增强"))
self.图像清晰度增强.setText(_translate("MainWindow", "图像清晰度增强"))
self.图像去雾.setText(_translate("MainWindow", "图像去雾"))
self.天空分割.setText(_translate("MainWindow", "天空分割"))
self.对比度增强.setText(_translate("MainWindow", "对比度增强"))
self.人像动漫化.setText(_translate("MainWindow", "人像动漫化"))
self.图像修复.setText(_translate("MainWindow", "图像修复"))
```

程序界面需要使用的图标来自网络，下载地址为http://www.icosky.com/icon/ico/Art/Celtic Knot/Green Wheeled Triskelion 2.ico。将图标放入项目文件夹中，可以重命名为"convert.ico"。

如果想更多了解"PyQt5"，可以查阅官方文档，文档地址为https://www.riverbankcomputing.com/static/Docs/PyQt5/。

9.3.7 编写主要功能代码

有了核心代码和主界面代码，就可以通过功能代码将主界面中的控件与核心代码进行关联，实现可用的功能。

创建名为"图像效果增强器.py"的 Python 文件，并在文件中引入需要使用的模块。

```
import sys, os
from 图像处理接口 import 图像增强与特效, 访问令牌管理
from 主界面 import 主界面
from PyQt5.Qt import QApplication, QMainWindow
from PyQt5.QtGui import QPixmap   # 用于创建在控件上显示的像素图对象
```

创建名为"图像效果增强器"的类，并定义方法。

"图像效果增强器"类是程序的主窗口，需要继承"QMainWindow"，并且窗口要装载图形界面，并调用界面的控件对象，所以还要继承"主界面"。

```
class 图像效果增强器(QMainWindow, 主界面):
```

1. "__init__" 方法

类的初始化时，需要装载图形界面，并创建属性。

```
def __init__ (self):
    super().__init__ ()  # 初始化窗口对象
    self.setupUi(self)  # 装载图形界面到窗口对象
    self.show()  # 显示程序窗口
    self.令牌路径 = "令牌文件.tk"  # 指定令牌文件路径
    self.令牌管理 = 访问令牌管理(self.令牌路径)  # 创建令牌管理对象
    self.图像处理 = 图像增强与特效(self.令牌管理)  # 创建图像处理对象
    self.图片路径 = "背景图片.jpeg"  # 指定默认显示的图片
    self.图片数据 = ""  # 用于存储图像处理过程中的图片数据
    self.附加参数 = {}  # 用于存储通过界面操作产生的参数
```

2. "on_open_image_clicked" 方法

"on_open_image_clicked" 方法是"打开图片"按钮单击事件对应的方法，这类方法被称作槽（Slot）函数。槽函数与信号（signal）相对应，只要有信号发出，槽函数就会自动执行。

但是，单击事件会发出两次信号，从而导致槽函数被执行两次，这不是我们想要的结果。例如，单击"打开图片"按钮，弹出两次选择文件的窗口。

解决的办法是通过"pyqtSlot"装饰器进行装饰，就能够只执行一次槽函数。

而文件选择窗口可以使用"QFileDialog"创建，它的"getOpenFileName"方法能够弹出选择文件窗口。方法的参数依次为窗口对象、窗口标题、文件路径和指定的文件类型。方法的返回值是被选择图片的路径和指定的文件类型，我们只接收"图片路径"就可以了。

在项目文件中引入相关模块。

```
from PyQt5.QtCore import pyqtSlot
from PyQt5.Qt import QFileDialog
```

然后，编写方法代码。

```
@pyqtSlot()
def on_open_image_clicked(self):
    图片路径, _ = QFileDialog.getOpenFileName(self, "打开图像文件", os.getcwd(), "图像文件 (*.jpg *.jpeg *.png)")  # 弹出文件选择窗口
    if 图片路径:  # 如果选择了图片
        self.图片路径 = 图片路径  # 保存图片路径
        self.图片显示.setPixmap(QPixmap(self.图片路径))  # 创建像素图并显示到控件上
```

示例代码中，使用"os"模块的"getcwd"方法用来获取当前工作目录，"getcwd"是"Get Current Working Directory"的缩写。

Current：当前

3."on_save_image_clicked"方法

"on_save_image_clicked"方法是"保存图片"按钮单击事件对应的方法，同样是一个槽函数，需要通过"pyqtSlot"装饰器进行装饰。

保存文件目录的选择窗口使用"QFileDialog"创建，它的"getSaveFileName"方法能够弹出保存文件窗口。方法的参数依次为窗口对象、窗口标题、保存目录路径和指定的文件类型。方法的返回值是被保存图片的路径和指定的文件类型，我们只接收"图片路径"就可以了。

```
@pyqtSlot()
def on_save_image_clicked(self):
    图片路径, _ = QFileDialog.getSaveFileName(self, "保存图像文件", os.getcwd(), "图像文件 (*.jpg *.jpeg *.png)")  # 弹出保存文件窗口
    self.图像处理.保存图片(图片路径)  # 调用保存图片方法将图片数据保存到指定路径下
```

4."禁用全部按钮"方法

当进行图像处理时，需要禁用全部功能按钮，因为通过调用每个按钮控件对象进行禁用太过烦琐。

在界面设计时，我们将所有按钮控件都放入了相同的按钮组，通过按钮组的"buttons"方法就能获取全部按钮控件对象。

遍历全部按钮控件对象，并调用控件对象的"setDisabled"方法，传入"True"值，就可以完成对控件的禁用。

```
def 禁用全部按钮(self):
    for 按钮 in self.按钮组.buttons():
        按钮.setDisabled(True)
```

Disable：禁用

5."启用全部按钮"方法

当图像处理完毕时，需要启用全部功能按钮。仍然通过按钮组，遍历全部按钮控件对象，并调用控件对象的"setEnabled"方法，传入"True"值，就可以完成对控件的启用。

```
def 启用全部按钮(self):
    for 按钮 in self.按钮组.buttons():
        按钮.setEnabled(True)
```

Enabled：启用

6. "image_processing" 方法

"image_processing" 方法是一个图像处理方法。因为这个方法会与按钮控件的单击事件进行关联，所以不能用中文命名，否则会导致异常。

方法的内容就是单击某个图像处理功能按钮后，顺序执行的一系列动作。可以通过由上往下阅读注释进行理解。

```
def image_processing(self, 方法名称 = ""):
    self.方法名称 = 方法名称
    if not 方法名称:  # 如果没有指定方法名称
        self.方法名称 = self.sender().text()  # 获取触发事件控件的文字
    self.状态栏.showMessage("正在处理图像...")  # 状态栏显示提示消息
    self.转换提示.show()  # 显示转换提示
    self.禁用全部按钮()
    self.图片数据 = self.图像处理.调度(self.方法名称, self.图片路径, **self.附加参数)  # 调用图片处理
方法

    像素图 = QPixmap()  # 创建空白像素图对象
    像素图.loadFromData(self.图片数据)  # 加载图片数据到像素图
    self.图片显示.setPixmap(像素图)  # 将像素图显示到控件
    self.状态栏.showMessage("图像处理完成...")  # 状态栏显示提示消息
    self.转换提示.hide()  # 隐藏转换提示
    self.启用全部按钮()
```

Hide：隐藏

9.3.8　为主界面控件绑定功能代码

编写"绑定事件"方法，把图像处理方法和按钮控件的单击事件绑定。

```
def 绑定事件(self):
    self.黑白图像上色.clicked.connect(self.image_processing)
    self.图像风格转换.clicked.connect(self.image_processing)
    self.人像动漫化.clicked.connect(self.image_processing)
    self.天空分割.clicked.connect(self.image_processing)
    self.图像去雾.clicked.connect(self.image_processing)
    self.对比度增强.clicked.connect(self.image_processing)
    self.图像无损放大.clicked.connect(self.image_processing)
```

```
        self.拉伸图像恢复.clicked.connect(self.image_processing)
        self.图像清晰度增强.clicked.connect(self.image_processing)
        self.图像色彩增强.clicked.connect(self.image_processing)
```

"绑定事件"需要在程序启动时完成，所以这个方法要在"__init__"方法中执行。

```
    def __init__ (self):
        ...省略部分代码...
        self.绑定事件()
```

测试一下。

```
    if __name__ == "__main__":
        程序 = QApplication(sys.argv)
        窗口 = 图像效果增强器()
        窗口.show()
        sys.exit(程序.exec_())
```

虽然功能可以使用，但是遇到网络环境不好发送请求获取响应时间过长时，程序窗口会处于未响应状态，甚至崩溃。并且，"转换提示"也不能正常显示，如图 9-72 所示。

图 9-72　网络延迟导致程序未响应

这样的问题必须要解决。

9.3.9　使用多线程运行程序

网络延迟导致程序未响应或崩溃，是因为程序目前以单线程运行。说到线程需要先知道进程。进程是一段程序的执行过程，所以任何一个程序执行时，至少会启动一个进程。

当我们运行图像效果增强器时，打开 Windows 的任务管理器，就能够看到进程列表里面有一个 Python 进程，如图 9-73 所示。

图 9-73　Windows 任务管理器

一个进程至少会包含一个线程，因为线程是进程中的实际运作单位。

打个比方，一个饭店开始营业，就是启动了程序。这个饭店有一个服务员到岗，就是启动了一个进程。服务员开始工作，为客户提供服务，就是启动了一个线程。试想一下，饭店来了多位客人排队点餐，而服务员只有一个。当服务员为第一位客人服务的时候，第二名客人就要等候。若第一位客人点餐速度很慢，服务员就只能等待，这就是单线程，所有任务顺序执行。

因为服务员一直等待第一位客人，无法为后面的客人点餐，这就是线程卡死导致程序无响应。那么，这样的问题怎么解决？对于服务员来说，当第一位客人响应太慢时，可以先不为这位客人提供服务，这叫线程挂起。服务员跳过前一位客人，去为第二位客人点餐，这就是开启了第二个线程，也就是多线程。第二位客人点餐完毕，服务员继续给第一位客人点餐，这叫线程唤醒。如果第一位客人还没决定好点什么，就让他继续等待，去给第三位客人点餐。这样的处理，能够极大程度减少客人的排队时间，也就是加快了程序的运行速度。因为计算机在处理任务时速度是非常快的，所以多线程处理任务，感觉上是多个任务在同时执行，也就是并发。

了解了线程的基本概念，我们就可以多线程解决程序卡死的问题。那么，什么时候开启多线程？

对于响应慢的任务，可以开启单独的线程。例如，执行图像处理方法会受到网络影响，从而导致响应时间长短不一。

使用多线程，需要引入"QThread"模块和"pyqtSignal"模块。

```
from PyQt5.Qt import QThread, pyqtSignal
```

"QThread"模块用于创建线程对象，"pyqtSignal"模块用于创建信号对象。

当线程对象的任务执行完毕时，通过信号对象发出信号，从而让对应的槽函数进行后续任务处理。

1. "Threading" 类

对于执行图像处理方法的线程，我们需要创建一个线程类。在这个类中需要先定义一个类变量，名称为"signal"，它的赋值是一个"pyqtSignal"类的实例，实例化时可以指定发射信号传递的数据类型和数量（即参数数量）。注意，不能使用中文，并且不能在"__init__"方法中定义。

"__init__"方法需要传入执行的"任务方法"对象和执行"任务方法"时需要提供的参数。执行"任务方法"由"run"方法来完成。当任务处理完成时，发出"成功"或异常消息的"信号"，同时将任务方法的返回数据通过信号发出。

```
class Threading (QThread):
    signal = pyqtSignal(str, object)  # 创建任务信号，允许每次发射包含文本和对象两个参数的信号

    def __init__ (self, 任务方法, 参数字典):  # 传入窗口对象、任务方法与参数字典
        super().__init__()  # 初始化线程对象
        self.窗口 = 窗口
        self.任务方法 = 任务方法
        self.参数字典 = 参数字典

    def run(self):
        信号 = "成功"
        返回数据 = None
        try:
            返回数据 = self.任务方法(**self.参数字典)  # 传入参数执行指定的任务方法
        except RuntimeError as 异常:  # 如果捕获异常
            信号 = str(异常)  # 信号为异常消息
        self.signal.emit(信号, 返回数据)  # 发射信号
```

2. "get_image_processing_signal" 方法

我们继续回到"图像效果增强器"类中编写代码。

"get_image_processing_signal"方法是获取图像处理线程信号的槽函数。如果获得的"信号"是"成功"，则创建"像素图"，并显示到控件上。并且，让"状态栏"显示图像处理完成的信息。否则，

让状态栏显示图像处理失败与失败原因的信息。然后，隐藏"转换提示"，"启用全部按钮"。

```
def get_image_processing_signal(self, 信号, 返回数据):
    if 信号 = ="成功":
        self.图片数据 = 返回数据  # 保存返回数据，以便显示或保存为文件
        像素图 = QPixmap()  # 创建空白像素图
        像素图.loadFromData(self.图片数据)  # 为像素图填充图片数据
        self.图片显示.setPixmap(像素图)  # 将像素图显示到控件
        self.状态栏.showMessage("图像处理完成...")  # 状态栏显示消息
    else:
        self.状态栏.showMessage(f"图像处理失败：{信号}")
    self.转换提示.hide()
    self.启用全部按钮()
```

槽函数需要与信号进行关联，才能起到作用。

在"图像效果增强器"类的"image_processing"方法中，创建"图像处理线程"对象，并将对象的信号与槽函数进行关联。

因为图像处理任务由线程对象执行，这里只需要通过线程对象的"start"方法启动线程就可以了。

```
def image_processing(self, 方法名称 = ""):
    ...省略部分代码...
    self.禁用全部按钮()  # 原来的代码只保留到这一句
    任务方法 = self.图像处理.调度  # 指定线程要执行的任务方法
    参数字典 = {"方法名称":self.方法名称,"图片路径":self.图片路径,**self.附加参数}  # 组织参数字典
    self.图像处理线程 = Threading(任务方法, 参数字典)  # 创建线程对象
    self.图像处理线程.signal.connect(self. get_image_processing_signal)  # 关联线程信号与槽函数
    self.图像处理线程.start()  # 启动线程
```

现在，运行代码执行图像处理任务，就不会再发生程序未响应的情况了。

9.3.10　创建对话框界面

在"绑定事件"方法中，并没有"图像修复"按钮的单击事件绑定语句。这是因为"图像修复"需要提供"宽度""顶部""高度"和"左侧"4 个参数。

参数怎么在窗口界面中获取呢？我的处理方案是弹出一个"范围设置"对话框。

打开"Qt Designer"，新建一个不带按钮的"Dialog without Buttons"对话框，如图 9–74 所示。

图 9-74　创建不带按钮的对话框

　　放入一个"label"控件和一个"Line Edit"控件。双击"label"控件，将文字改为"宽度"，如图 9-75 所示。这两个控件需要水平方向居中对齐。全选两个控件，单击上方快捷功能中的"水平布局"按钮，即可完成水平居中对齐，如图 9-76 所示。

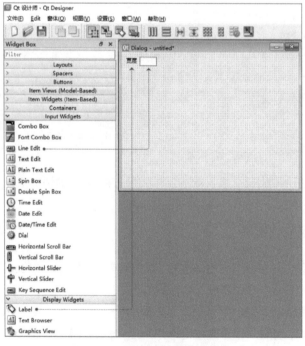

图 9-75　添加控件到对话框界面

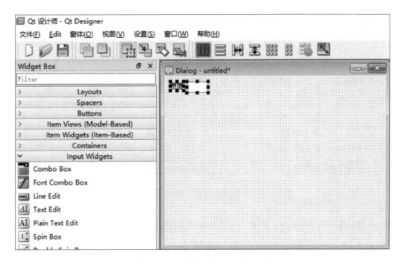

图 9-76 设置控件水平布局

此时，控件尺寸可能会发生变化。单击红线外框选中布局控件，就可以调整尺寸。也可以在对象查看器中，单击布局控件进行选中，如图 9-77 所示。

图 9-77 选中布局控件

然后，按〈Ctrl〉键拖动控件，复制为 4 个控件组合，逐一将新"label"元件的文字修改为"高度""顶部"和"左侧"。再拖入两个"Push Button"控件摆放整齐，输入文字"确定"和"取消"。

最后，将对话框尺寸设置为"180×100"。就完成了"范围设置"的界面设计，如图 9-78 所示。

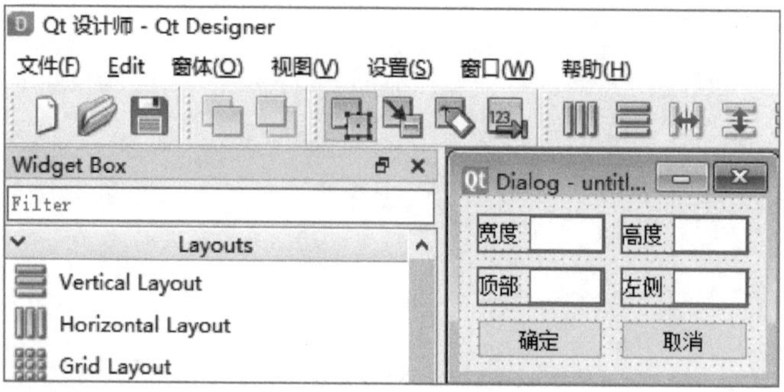

图 9-78 "范围设置"对话框界面设计

保存界面文件，并转换为 Python 文件，名称为"范围设置.py"。

仍然需要对 Python 文件进行修改。首先，自定义的对话框类需要继承自"QDialog"类，通过自身创建对话框对象。并且，对话框按钮对应的槽函数也需要通过"pyqtSlot"装饰器进行装饰。

引入相关的模块。

```
from PyQt5 import QtCore, QtGui, QtWidgets
from PyQt5.Qt import QDialog    # 继承对话框类
from PyQt5.QtCore import pyqtSlot
```

自定义的对话框类命名为"范围设置界面"。

因为完成参数设置之后需要传递参数到主窗口，所以需要定义信号对象的类变量。这里信号对象实例化时，需要设置 4 个"str"类型的参数，对应范围设置的 4 个参数值。也就是说，信号对象定义几个参数，就能发射几个参数。

```
class 范围设置界面(QDialog):                          # 继承对话框类
    signal = QtCore.pyqtSignal(str, str, str, str)    # 定义信号，必须是类变量
```

然后，需要定义"__init__"方法，装载界面。对话框弹出时，主窗口不可操作。虽然也可以禁用全部功能按钮，但还有更好的方案，就是把对话框变成模态对话框。这样设置之后，对话框显示时，其他窗口的操作将被阻断。另外，对话框显示时，其需要在所有窗口的最前面。

```
def __init__ (self):
    super().__init__ ()    # 初始化对话框
    self.setupUi(self)    # 为对话框装载界面
    self.setModal(True)    # 使主窗口不能操作
    self.setWindowFlags(QtCore.Qt.WindowStaysOnTopHint  |  QtCore.Qt.WindowCloseButtonHint)
                           # 将弹窗置于最前并且只显示关闭按钮
```

接下来，是自动生成的代码，照例根据注释做些修改，并将主要控件名称改为中文。

```python
def setupUi(self, 对话框):
    对话框.setObjectName("Dialog")
    对话框.setFixedSize(180, 100)  # 固定对话框尺寸
    self.widget = QtWidgets.QWidget(对话框)
    self.widget.setGeometry(QtCore.QRect(10, 10, 76, 22))
    self.widget.setObjectName("widget")
    self.horizontalLayout = QtWidgets.QHBoxLayout(self.widget)
    self.horizontalLayout.setContentsMargins(0, 0, 0, 0)
    self.horizontalLayout.setObjectName("horizontalLayout")
    self.label = QtWidgets.QLabel(self.widget)
    self.label.setObjectName("label")
    self.horizontalLayout.addWidget(self.label)
    self.宽度 = QtWidgets.QLineEdit(self.widget)
    self.宽度.setObjectName("lineEdit")
    self.horizontalLayout.addWidget(self.宽度)
    self.layoutWidget = QtWidgets.QWidget(对话框)
    self.layoutWidget.setGeometry(QtCore.QRect(95, 10, 75, 22))
    self.layoutWidget.setObjectName("layoutWidget")
    self.horizontalLayout_2 = QtWidgets.QHBoxLayout(self.layoutWidget)
    self.horizontalLayout_2.setContentsMargins(0, 0, 0, 0)
    self.horizontalLayout_2.setObjectName("horizontalLayout_2")
    self.label_2 = QtWidgets.QLabel(self.layoutWidget)
    self.label_2.setObjectName("label_2")
    self.horizontalLayout_2.addWidget(self.label_2)
    self.高度 = QtWidgets.QLineEdit(self.layoutWidget)
    self.高度.setObjectName("lineEdit_2")
    self.horizontalLayout_2.addWidget(self.高度)
    self.layoutWidget_2 = QtWidgets.QWidget(对话框)
    self.layoutWidget_2.setGeometry(QtCore.QRect(10, 40, 75, 22))
    self.layoutWidget_2.setObjectName("layoutWidget_2")
    self.horizontalLayout_3 = QtWidgets.QHBoxLayout(self.layoutWidget_2)
    self.horizontalLayout_3.setContentsMargins(0, 0, 0, 0)
    self.horizontalLayout_3.setObjectName("horizontalLayout_3")
    self.label_3 = QtWidgets.QLabel(self.layoutWidget_2)
    self.label_3.setObjectName("label_3")
    self.horizontalLayout_3.addWidget(self.label_3)
    self.顶部 = QtWidgets.QLineEdit(self.layoutWidget_2)
    self.顶部.setObjectName("lineEdit_3")
```

```
            self.horizontalLayout_3.addWidget(self.顶部)
            self.layoutWidget_3 = QtWidgets.QWidget(对话框)
            self.layoutWidget_3.setGeometry(QtCore.QRect(95, 40, 75, 22))
            self.layoutWidget_3.setObjectName("layoutWidget_3")
            self.horizontalLayout_4 = QtWidgets.QHBoxLayout(self.layoutWidget_3)
            self.horizontalLayout_4.setContentsMargins(0, 0, 0, 0)
            self.horizontalLayout_4.setObjectName("horizontalLayout_4")
            self.label_4 = QtWidgets.QLabel(self.layoutWidget_3)
            self.label_4.setObjectName("label_4")
            self.horizontalLayout_4.addWidget(self.label_4)
            self.左侧 = QtWidgets.QLineEdit(self.layoutWidget_3)
            self.左侧.setObjectName("lineEdit_4")
            self.horizontalLayout_4.addWidget(self.左侧)
            self.确定 = QtWidgets.QPushButton(对话框)
            self.确定.setGeometry(QtCore.QRect(10, 70, 75, 23))
            self.确定.setObjectName("ok")    # 修改对象名称
            self.取消 = QtWidgets.QPushButton(对话框)
            self.取消.setGeometry(QtCore.QRect(95, 70, 75, 23))
            self.取消.setObjectName("cancel")    # 修改对象名称


            self.retranslateUi(对话框)
            QtCore.QMetaObject.connectSlotsByName(对话框)

        def retranslateUi(self, Dialog):
            _translate = QtCore.QCoreApplication.translate
            Dialog.setWindowTitle(_translate("Dialog", "修复范围"))
            self.label_2.setText(_translate("Dialog", "高度"))
            self.label_3.setText(_translate("Dialog", "顶部"))
            self.label_4.setText(_translate("Dialog", "左侧"))
            self.确定.setText(_translate("Dialog", "确定"))
            self.取消.setText(_translate("Dialog", "取消"))
            self.label.setText(_translate("Dialog", "宽度"))
```

单击"确定"按钮时，需要发送信号，将参数传出。

```
        @pyqtSlot()
        def on_ok_clicked(self):
            宽度 = self.宽度.text()
```

```
            顶部 = self.顶部.text()
            高度 = self.高度.text()
            左侧 = self.左侧.text()
            self.signal.emit(宽度, 顶部, 高度, 左侧)
```

单击"取消"按钮时，需要关闭对话框。

```
        @pyqtSlot()
        def on_cancel_clicked(self):
            self.close()
```

到这里，我们就完成了"范围设置界面"类的全部代码。

9.3.11　编写对话框功能代码

在"主窗口"中单击"图像修复"按钮时需要弹出对话框。首先，在"主界面.py"文件中，将"图像修复"控件的对象名称修改为"inpainting"。

```
        self.图像修复.setObjectName("inpainting")
```

这样，我们就可以在"图像效果增强器"类中，定义"图像修复按钮"单击事件对应的槽函数。先引入"范围设置界面"类。

```
        from 范围设置 import 范围设置界面
```

然后，定义"图像修复"控件单击事件对应的槽函数。

```
        @pyqtSlot()
        def on_inpainting_clicked(self):
            self.范围设置 = 范围设置界面()          # 实例化对话框
            self.范围设置.show()   # 显示对话框
            self.范围设置.signal.connect(self.image_restoration)   # 指定槽函数，接收对话框界面中确定按钮
发射的信号
```

定义对话框界面中确定按钮单击事件对应的槽函数。

```
        def image_restoration(self, *参数):
            self.附加参数 = {"位置": 参数}          # 接收对话框传入的参数
            self.范围设置.close()                   # 关闭对话框
            self.image_processing("图像修复")        # 传入方法名称，调用图像处理方法
```

这时，运行程序代码，单击"图像修复"按钮已经能够弹出对话框，如图 9-79 所示。

图 9-79　弹出范围设置对话框

输入参数并单击"确定"按钮后，开始发送处理请求，进行图像处理，如图 9-80 所示。

图 9-80　正在进行图像修复

稍后图片中的白色文字被去除，图像处理完成，如图 9-81 所示。

图 9-81　图像处理完成

"图像效果增强器"的"人像动漫化"和"图像风格转换"也都需要获取参数，可以参考"图像修复"进行实现。

9.3.12　创建访问令牌对话框

如果访问令牌丢失了或者过期了怎么办？

在"图像处理.py"模块的"访问令牌管理"类中，"读取令牌文件"方法会判断令牌文件是否存在，不存在就会抛出"FileNotFoundError"异常。如果令牌文件存在，"获取访问令牌"方法会验证访问令牌是否过期，过期就会抛出"ValueError"异常。在"图像效果增强器"类进行初始化时，我们创建了"令牌管理"对象。此时，会执行"读取令牌文件"方法和"获取访问令牌"方法。如果令牌文件不存在或过期，程序会报错，无法启动。所以，我们需要进行异常捕捉，进行处理。

令牌文件丢失的处理方案是弹出一个对话框，可以输入"接口钥匙""秘密钥匙"和"文件密码"来重新创建令牌文件。

令牌过期的处理方案也是弹出一个对话框，可以输入"文件密码"来请求一个新的访问令牌。

带有一个输入框的对话框可以直接通过"QInputDialog"类进行创建。带有多个输入框的对话框就需要我们单独创建一个对话框界面。

打开"Qt Designer"，新建一个不带按钮的"Dialog without Buttons"对话框，如图 9-74 所示。然后，拖入 4 个"Label"控件和 3 个"Line Edit"控件。一个"Label"控件写入文字"提示：没有找到令牌文件，请输入以下信息创建新的令牌文件。"；另外三个"Label"控件分别和"Line Edit"控件进行"水平"布局（见图9-76）。调整三个布局控件的尺寸，与输入的密钥内容尺寸相匹配（见图9-77）。

再放入两个"Push Button"按钮控件，摆放在合适的位置，分别输入文字"确定"和"取消"。

最后，调整对话框到合适的尺寸，创建令牌文件的界面就完成了，如图 9-82 所示。

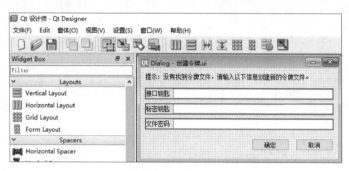

图 9-82　创建令牌文件对话框

接下来，将界面文件转换为 Python 文件"创建令牌.py"，并进行修改。带有注释的部分是增加或修改的代码，并且将类的名称和控件名称修改成了中文。

```python
import sys                              # 引入 sys 模块用于退出程序
from PyQt5 import QtCore, QtGui, QtWidgets
from PyQt5.Qt import QDialog            # 引入对话框类
from PyQt5.QtCore import pyqtSlot       # 引入槽函数装饰器


class 创建令牌界面(QDialog):
    signal = QtCore.pyqtSignal(str, str, str)   # 定义信号，必须是类变量

    def __init__(self):
        super().__init__()
        self.setupUi(self)
        self.setModal(True)              # 使主窗口不能操作
        self.setWindowFlags(QtCore.Qt.WindowStaysOnTopHint)   # 将弹窗置于最前

    def setupUi(self, 对话框):
        对话框.setObjectName("Dialog")
        对话框.setFixedSize(400, 179)
```

```
self.layoutWidget_2 = QtWidgets.QWidget(对话框)
self.layoutWidget_2.setGeometry(QtCore.QRect(10, 40, 381, 22))
self.layoutWidget_2.setObjectName("layoutWidget_2")
self.horizontalLayout = QtWidgets.QHBoxLayout(self.layoutWidget_2)
self.horizontalLayout.setContentsMargins(0, 0, 0, 0)
self.horizontalLayout.setObjectName("horizontalLayout")
self.label = QtWidgets.QLabel(self.layoutWidget_2)
self.label.setObjectName("label")
self.horizontalLayout.addWidget(self.label)
self.接口钥匙 = QtWidgets.QLineEdit(self.layoutWidget_2)
self.接口钥匙.setText("")
self.接口钥匙.setObjectName("lineEdit")
self.horizontalLayout.addWidget(self.接口钥匙)
self.layoutWidget = QtWidgets.QWidget(对话框)
self.layoutWidget.setGeometry(QtCore.QRect(10, 70, 381, 22))
self.layoutWidget.setObjectName("layoutWidget")
self.horizontalLayout_2 = QtWidgets.QHBoxLayout(self.layoutWidget)
self.horizontalLayout_2.setContentsMargins(0, 0, 0, 0)
self.horizontalLayout_2.setObjectName("horizontalLayout_2")
self.label_2 = QtWidgets.QLabel(self.layoutWidget)
self.label_2.setObjectName("label_2")
self.horizontalLayout_2.addWidget(self.label_2)
self.秘密钥匙 = QtWidgets.QLineEdit(self.layoutWidget)
self.秘密钥匙.setText("")
self.秘密钥匙.setObjectName("lineEdit_2")
self.horizontalLayout_2.addWidget(self.秘密钥匙)
self.layoutWidget_3 = QtWidgets.QWidget(对话框)
self.layoutWidget_3.setGeometry(QtCore.QRect(10, 100, 381, 22))
self.layoutWidget_3.setObjectName("layoutWidget_3")
self.horizontalLayout_3 = QtWidgets.QHBoxLayout(self.layoutWidget_3)
self.horizontalLayout_3.setContentsMargins(0, 0, 0, 0)
self.horizontalLayout_3.setObjectName("horizontalLayout_3")
self.label_3 = QtWidgets.QLabel(self.layoutWidget_3)
self.label_3.setObjectName("label_3")
self.horizontalLayout_3.addWidget(self.label_3)
self.文件密码 = QtWidgets.QLineEdit(self.layoutWidget_3)
self.文件密码.setText("")
self.文件密码.setObjectName("lineEdit_3")
```

```python
        self.horizontalLayout_3.addWidget(self.文件密码)
        self.label_4 = QtWidgets.QLabel(对话框)
        self.label_4.setGeometry(QtCore.QRect(10, 10, 381, 16))
        self.label_4.setText("提示：没有找到令牌文件，请输入以下信息创建新的令牌文件。")
        self.label_4.setTextFormat(QtCore.Qt.AutoText)
        self.label_4.setScaledContents(False)
        self.label_4.setObjectName("label_4")
        self.确定 = QtWidgets.QPushButton(对话框)
        self.确定.setGeometry(QtCore.QRect(225, 140, 75, 23))
        self.确定.setObjectName("ok")
        self.取消 = QtWidgets.QPushButton(对话框)
        self.取消.setGeometry(QtCore.QRect(315, 140, 75, 23))
        self.取消.setObjectName("cancel")


        self.retranslateUi(对话框)
        QtCore.QMetaObject.connectSlotsByName(对话框)

    def retranslateUi(self, Dialog):
        _translate = QtCore.QCoreApplication.translate
        Dialog.setWindowTitle(_translate("Dialog", "创建令牌文件"))
        self.label_2.setText(_translate("Dialog", "秘密钥匙"))
        self.label.setText(_translate("Dialog", "接口钥匙"))
        self.label_3.setText(_translate("Dialog", "文件密码"))
        self.确定.setText(_translate("Dialog", "确定"))
        self.取消.setText(_translate("Dialog", "取消"))


    @pyqtSlot()
    def on_ok_clicked(self):                # 定义确定按钮单击事件对应的槽函数
        接口钥匙 = self.接口钥匙.text()        # 获取控件文本
        秘密钥匙 = self.秘密钥匙.text()        # 获取控件文本
        文件密码 = self.文件密码.text()        # 获取控件文本
        self.确定.setDisabled(True)          # 禁用按钮控件
        self.取消.setDisabled(True)          # 禁用按钮控件
        self.signal.emit(接口钥匙, 秘密钥匙, 文件密码)        # 发射信号向外传递参数


    @pyqtSlot()
    def on_cancel_clicked(self):            # 定义确定按钮单击事件对应的槽函数
        sys.exit()      # 退出全部窗口
```

```
        def closeEvent(self, a0: QtGui.QCloseEvent) -> None:    # 重写关闭按钮事件，-> None 表示函
数的返回数据类型
            sys.exit()      # 退出全部窗口
```

示例代码中，需要对关闭按钮事件的"closeEvent"方法进行重写，因为不重写的话，单击关闭按钮时只会关闭对话框，不会关闭程序主窗口。

到这里，创建令牌文件对话框界面的代码就全部完成了。

9.3.13　实现访问令牌校验功能

在"图像效果增强器"类中，引入"创建令牌界面"类和"QInputDialog"类。

```
    from 创建令牌 import 创建令牌界面
    from PyQt5.Qt import QInputDialog
```

然后，新建一个"访问令牌校验"方法。在这个方法中，创建"令牌管理"对象和"图像处理"对象，并对"图像处理"对象的实例化过程进行异常捕捉。如果捕捉到"FileNotFoundError"异常，就创建"提示框"对象并显示在窗口前端。同时，将"提示框"对象产生的信号与槽函数连接。这个槽函数在之后进行定义。

另外，还要对代表访问令牌过期的"ValueError"异常进行捕捉，当捕捉到异常时，弹出"授权过期"提示框。在提示框中输入密码单击"确定"按钮后，调用"更新令牌文件"方法，对访问令牌进行更新，而后再次进行"访问令牌校验"。如果单击的是"取消"按钮，则关闭全部窗口，退出程序。

```
    def 访问令牌校验(self):
        self.令牌管理 = 访问令牌管理(self.令牌路径)                    # 创建令牌管理对象
        try:  # 捕捉异常
            self.图像处理 = 图像增强与特效(self.令牌管理)      # 创建图像处理对象
        except FileNotFoundError:   # 捕捉令牌文件不存在异常
            self.提示框 = 创建令牌界面()  # 创建提示框对象
            self.提示框.show()        # 显示提示框
            self.提示框.signal.connect(self.create_token)   # 提示框的信号关联创建令牌文件的槽函数
        except ValueError:          # 捕捉访问令牌过期异常
            密码, 确定 = QInputDialog.getText(self, "授权过期", "请输入令牌文件密码:") # 弹出提示框
            if 确定:                   # 如果单击确定按钮
                self.令牌管理.更新令牌文件(密码)                        # 更新令牌文件
                self.访问令牌校验() # 再次进行校验
            else:                   # 否则
```

```
                sys.exit()              # 退出程序
```

继续定义创建令牌文件的槽函数。

因为更新令牌文件需要向服务器请求新的令牌，所以也要单独开启线程进行任务处理。

```
def create_token(self, 接口钥匙, 秘密钥匙, 文件密码):              # 接收信号传入的参数
    任务方法 = self.令牌管理.创建令牌文件                          # 指定线程要执行的任务方法
    参数字典 = {"接口钥匙": 接口钥匙, "秘密钥匙": 秘密钥匙, "数据密码": 文件密码}  # 组织参数字
典，注意文件密码对应任务方法的参数是数据密码
    self.令牌创建线程 = Threading(任务方法, 参数字典)              # 创建线程对象
    self.令牌创建线程.signal.connect(self.get_create_token_signal)   # 关联接收线程信号的槽函数
    self.令牌创建线程.start()                                    # 启动线程
```

在编写下段代码之前，我们先引入"QMessageBox"类，用于弹出消息框。

```
from PyQt5.Qt import QMessageBox
```

继续定义接收线程信号的槽函数。

```
def get_create_token_signal(self, 信号, 返回数据):              # 接收信号传入的参数
    self.提示框.hide()                                         # 隐藏提示框，关闭会导致程序关闭
    if 信号 == "成功":
        QMessageBox.about(self.提示框, "提示", "令牌文件创建成功！")  # 弹出消息框
    else:
        QMessageBox.critical (self.提示框, "警告", f"令牌文件创建失败：{信号}")  # 弹出警告消息框
    del self.提示框         # 删除提示框对象
    self.访问令牌校验()      # 再次进行校验
```

最后，删除"__init__"方法中的"令牌管理"对象相关语句，添加调用"访问令牌校验"方法的语句。

```
def __init__(self):
    super().__init__()         # 初始化窗口对象
    self.setupUi(self)         # 装载图形界面到窗口对象
    self.show()                # 初始化时也能显示程序窗口
    self.令牌路径 = "令牌文件.tk"   # 指定令牌文件路径
    # self.令牌管理 = 访问令牌管理(self.令牌路径)     # 删除的语句
    # self.图像处理 = 图像增强与特效(self.令牌管理)   # 删除的语句
    self.访问令牌校验()
    self.图片路径 = "背景图片.jpeg"   # 指定默认显示的图片
    self.图片数据 = ""              # 用于存储图像处理过程中的图片数据
    self.附加参数 = {}              # 用于存储通过界面操作产生的参数
```

```
        self.绑定事件()
```

测试一下。

```
    if __name__ == '__main__':
        程序  = QApplication(sys.argv)
        窗口  = 图像效果增强器()
        sys.exit(程序.exec_())
```

本书内容到此结束，感谢各位读者的支持与坚持！